大家小书

大家小书

中国文化的美丽精神

宗白华 著

北京出版集团
文津出版社

图书在版编目（CIP）数据

中国文化的美丽精神 / 宗白华著. -- 北京：文津出版社, 2024.12. --（大家小书）. -- ISBN 978-7-80554-926-2

Ⅰ. B83-53

中国国家版本馆 CIP 数据核字第 2024HS6559 号

总 策 划：高立志	统　　筹：王忠波
责任编辑：曲 丹　张玉侠　刘孜慧	责任印制：燕雨萌
责任营销：猫 娘	装帧设计：吉 辰

·大家小书·

中国文化的美丽精神

ZHONGGUO WENHUA DE MEILI JINGSHEN

宗白华　著

出　　版	北京出版集团
	文津出版社
地　　址	北京北三环中路 6 号
邮　　编	100120
网　　址	www.bph.com.cn
总 发 行	北京伦洋图书出版有限公司
印　　刷	北京华联印刷有限公司
开　　本	880 毫米×1230 毫米　1/32
印　　张	8.375
字　　数	151 千字
版　　次	2024 年 12 月第 1 版
印　　次	2024 年 12 月第 1 次印刷
书　　号	ISBN 978-7-80554-926-2
定　　价	56.00 元

如有印装质量问题，由本社负责调换
质量监督电话　010-58572393

总 序

袁行霈

"大家小书",是一个很俏皮的名称。此所谓"大家",包括两方面的含义:一、书的作者是大家;二、书是写给大家看的,是大家的读物。所谓"小书"者,只是就其篇幅而言,篇幅显得小一些罢了。若论学术性则不但不轻,有些倒是相当重。其实,篇幅大小也是相对的,一部书十万字,在今天的印刷条件下,似乎算小书,若在老子、孔子的时代,又何尝就小呢?

编辑这套丛书,有一个用意就是节省读者的时间,让读者在较短的时间内获得较多的知识。在信息爆炸的时代,人们要学的东西太多了。补习,遂成为经常的需要。如果不善于补习,东抓一把,西抓一把,今天补这,明天补那,效果未必很好。如果把读书当成吃补药,还会失去读书时应有的那份从容和快乐。这套丛书每本的篇幅都小,读者即使细细地阅读慢慢地体味,也花不了多少时间,可以充分享受读书的乐趣。如果把它们当成补药来吃也行,剂量小，吃起来方便，消化起来也容易。

我们还有一个用意，就是想做一点文化积累的工作。把那些经过时间考验的、读者认同的著作，搜集到一起印刷出版，使之不至于泯没。有些书曾经畅销一时，但现在已经不容易得到；有些书当时或许没有引起很多人注意，但时间证明它们价值不菲。这两类书都需要挖掘出来，让它们重现光芒。科技类的图书偏重实用，一过时就不会有太多读者了，除了研究科技史的人还要用到之外。人文科学则不然，有许多书是常读常新的。然而，这套丛书也不都是旧书的重版，我们也想请一些著名的学者新写一些学术性和普及性兼备的小书，以满足读者日益增长的需求。

"大家小书"的开本不大，读者可以揣进衣兜里，随时随地掏出来读上几页。在路边等人的时候，在排队买戏票的时候，在车上、在公园里，都可以读。这样的读者多了，会为社会增添一些文化的色彩和学习的气氛，岂不是一件好事吗？

"大家小书"出版在即，出版社同志命我撰序说明原委。既然这套丛书标示书之小，序言当然也应以短小为宜。该说的都说了，就此搁笔吧。

导　读

蒙　木

在中国现代美学领域，朱光潜（1897年10月14日—1986年3月6日）、宗白华(1897年12月15日—1986年12月20日)，两位大先生双峰并峙。朱光潜是安徽桐城人，宗白华出生于安徽安庆，均从小打下古典文学的深厚基础；宗白华1920—1925年游学德国学习哲学、美学，朱光潜1925—1933年游学英、法，获英国文学硕士和法国哲学博士学位；后来都从教于北京大学哲学系；生卒年也惊人巧合。朱门弟子戴平曾回忆说："朱光潜和宗白华，是美学的双峰……都学贯中西，造诣极高。但朱先生著述甚多，宗先生却极少写作。朱先生的文章和思维方式是推理的，宗先生却是抒情的；朱先生偏于文学，宗先生偏于艺术；朱先生是学者，宗先生是诗人。"

《朱光潜全集》全二十卷，安徽教育出版社1987年出版，中华书局2012年新编增订本，三十册。《宗白华全集》全四卷，安徽教育出版社1994年出版。

宗白华的美学著作，生前出版主要两本《美学散步》（上海人民出版社1981年5月第1版）和《艺境》（北京大学出版社1986年6月第1版）。《美学散步》是宗白华美学文章的首次结集，计二十二篇，其文章最早写于1920年，最晚写于1979年。《艺境》上编"艺境"计六十篇（包括《美学散步》全部文章），下编"流云"小诗计六十首。宗白华先生在《艺境》前言中说："四十年前，偶欲将部分论艺之文集为《艺境》刊布，亦未能如愿。"

本书便是宗先生这"部分论艺之文集为《艺境》"，所收文章最早写于1919年，最晚写于1949年，其中十篇后来收入了《美学散步》，代表他中华人民共和国成立之前的学术成果。安徽教育出版社曾将之纳入"宗白华著译精品选"丛书，2000年首次出版。丛书编者贺岚在《编后赘语》中说："《艺境》有两稿，初稿亦名《美学论丛》，收文33篇；定稿经过筛选，收文22篇，又名《论文集》。"关于这个版本的独特价值，贺岚还介绍说，例如《论中西画法的渊源与基础》总字数不到一万字，北京大学出版社版《艺境》中间掉了一千四百字；《中国艺术意境之诞生》，总字数不到一万二千字，《美学散步》中间掉了一千六百余字。

这次收入"大家小书"，便依据"宗白华著译精品选"本，做了更细致的核校工作，尤其是利用今天数字化的便利，加强对原书引文原典的核查，例如《中国艺术意境之诞生》所引"咫尺有万里之势,一势字宜着眼",是出自王船山《夕堂永日绪论》,并非《诗绎》;所引"右丞妙手能使在远者近,抟虚作实"出自《唐诗评选》,也非《诗绎》。《论文艺的空灵与充实》所引"初学词求空,空则灵气往来",出自周济《词辨》,并非《宋四家词选》;所引《小重山·画檐簪柳碧如城》作者是李周隐(莱老),并非李商隐。《中国诗画中所表现的空间意识》所引《范山人画山水歌》是顾况作品,并非沈佺期……既然后出,总该更精细些。所引诸书,宗先生也未必看一个版本,所以不同时期发表的文章引文也未必一致,这次做了统一处理。

鉴于北京大学出版社的《艺境》与后来商务印书馆"中华现代学术名著丛书"本《艺境》一版再版,所以这个小册子改题"中国文化的美丽精神",以区别他本。艺境,当然是宗白华美学的关键词,是向唐代画家张璪《绘境》致敬,但宗白华所谓"艺",并非单单是书画、雕刻和音乐、舞蹈等艺术门类。本书收录了一篇《中国文化的美丽精神往哪里去?》,文章说:"中国古代哲人是'本能地找到了事物的旋律的秘密'。而把这获得的至宝,渗透进我们的现实生活,使我们生活表现礼与乐里,创造社会的秩序与和谐。"

宗先生的美学具有鲜明的中国式生命哲学特征,宗门弟子刘小枫说:"作为美学家,宗白华的基本立场是探寻使人生的生活成为艺术品似的创造。这与美学家朱光潜先生有所不同。朱光潜乃是把艺术当作艺术问题来加以探究和处理……但在宗白华那里,艺术问题首先是人生问题,艺术是一种人生观,'艺术式的人生'才是有价值、有意义的人生。……留欧前,宗先生主要关心的是欧洲的哲学和科学,以图为解决人生问题找到根据。留欧后,宗先生更多关注的是中国的艺术精神形态。看得出来,宗先生最终把人生观确立在中国的审美人格上。"宗先生极有前瞻性的选择与成果,滋养着我们念念在兹的中华民族精神复兴。他虽然没有鸿篇巨制,但冯友兰先生早在20世纪40年代就曾对时任《哲学评论》编辑的冯契先生说过:"中国真正构成美学体系的是宗白华。"

目录

《艺境》序 / 001

中国艺术意境之诞生 / 003

论中西画法的渊源与基础 / 028

中国诗画中所表现的空间意识 / 048

哲学与艺术 / 078

论《世说新语》和晋人的美 / 091

清谈与析理 / 116

略谈敦煌艺术的意义与价值 / 121

看了罗丹雕刻以后 / 126

论素描 / 135

论文艺的空灵与充实 / 139

略论文艺与象征 / 149

歌德之人生启示 / 153

歌德的《少年维特之烦恼》/ 184

歌德论 / 198

中国文化的美丽精神往哪里去？/ 205

悲剧的与幽默的人生态度 / 210

我和诗 / 213

团山堡读画记 / 223

题《张茜英画册》/ 227

歌德与席勒订交时两封信 / 228

附录一　学者的态度和精神 / 239

附录二　说人生观 / 241

《艺境》序

画史上对唐朝画家张璪有着下面的记载:

> 张璪,字文通……画松特出古今,能以手握双管,一时齐下:一作生枝,一作枯枝,气傲烟霞,势凌风雨,槎枒之形,鳞皴之状,随意纵横,应手间出。……毕宏画名擅于时,一见惊叹,异其唯用秃笔,或以手摸绢素,因问所授,璪曰:"外师造化,中得心源!"……璪尝自撰《绘境》一篇,言画之要诀云。

当我写这集子里一些论艺小文时,张璪的人格风度是常常悬拟在我的心眼前的。他的两句话指示了我理解中国先民艺术的道路。他的那篇《绘境》,可惜失传了,否则定有精微的议论,供我们咀嚼。今天我收集过去三十年来一些浅薄的论文，敝帚自珍，不足以当张公一哂。但我也想冒昧地题名叫作《艺境》，表示我对他的追怀和仰慕。

1948年6月，南京
（依据作者手迹，收入本集时略有修订）

中国艺术意境之诞生

引 言

世界是无穷尽的,生命是无穷尽的,艺术的境界也是无穷尽的。"适我无非新"(王羲之诗句),是艺术家对世界的感受。"光景常新",是一切伟大作品的烙印。"温故而知新",却是艺术创造与艺术批评应有的态度。历史上向前一步的进展,往往是伴着向后一步的探本穷源。李、杜的天才,不忘转益多师。十六世纪的文艺复兴追摹着希腊,十九世纪的浪漫主义憧憬着中古。二十世纪的新派且溯源到原始艺术的浑朴天真。

现代的中国站在历史的转折点。新的局面必将展开。然而我们对旧文化的检讨,以同情的了解给予新的评价,也更显重要。就中国艺术方面——这中国文化史上最中心最有世界贡献的一方面——研寻其意境的特构,以窥探中国心灵的幽情壮采,也是民族文化的自省工作。希腊哲人对人生指示说:"认识你自己!"近代哲人对我们说:"改造这世界!"为了改造世界,我们先得认识。

一　意境的意义

龚定庵在北京,对戴醇士说:"西山有时渺然隔云汉外,有时苍然堕几榻前,不关风雨晴晦也!"西山的忽远忽近,不是物理学上的远近,乃是心中意境的远近。

方士庶在《天慵庵笔记》里说:"山川草木,造化自然,此实境也。因心造境,以手运心,此虚境也。虚而为实,是在笔墨有无间……故古人笔墨具见山苍树秀,水活石润,于天地之外,别构一种灵奇。即率意挥洒,亦皆炼金成液,弃滓存精,曲尽蹈虚揖影之妙。"中国绘画的整个精粹在这几句话里。本文的千言万语,也只是阐明此语。

恽南田《题洁庵图》说:"谛视斯境,一草一树、一丘一壑,皆洁庵(指唐洁庵)灵想之所独辟,总非人间所有。其意象在六合之表,荣落在四时之外。将以尻轮神马,御泠风以游无穷。真所谓藐姑射之山,汾水之阳,尘垢秕糠,淖约冰雪。时俗龌龊,又何能知洁庵游心之所在哉!"

画家诗人"游心之所在",就是他独辟的灵境,创造的意象,作为他艺术创作的中心之中心。

什么是意境?人与世界接触,因关系的层次不同,可有五种境界:(1)为满足生理的物质的需要,而有功利境界；（2）因人群共存互爱的关系，而有伦理境界；（3）因人群组合互制的关系，而有政治境界；（4）因穷研物理，追求智慧，而有学术境界；（5）因欲返本归真，冥合天人，而有宗教境界。功利境界主于利，伦理境界主于爱，政治境界主于权，学术境界主于真，宗教境界主于神。但介乎后二者的中间，以宇宙人生的具体为对象，赏玩它的色相、秩序、节奏、和谐，借以窥见自我的最深心灵的反映；化实景而为虚境，创形象以为象征，使人类最高的心灵具体化、肉身化，这就是"艺术境界"。艺术境界主于美。

所以一切美的光是来自心灵的源泉：没有心灵的映射，是无所谓美的。瑞士思想家阿米尔（Amiel）说：

> 一片自然风景是一个心灵的境界。

中国大画家石涛也说：

> 山川使予代山川而言也……山川与予神遇而迹化也。

艺术家以心灵映射万象，代山川而立言，他所表现的是主观的生命情调与客观的自然景象交融互渗，成就一个鸢飞鱼跃，活泼玲珑，渊然而深的灵境；这灵境就是构成艺术之所以为艺术的"意境"。(但在音乐和建筑,这时间中纯形式与空间中纯形式的艺术,却以非模仿自然的景象来表现人心中最深的不可名的意境,而舞蹈则又为综合时空的纯形式艺术,所以能为一切艺术的根本形态,这事后面再说到。)

意境是"情"与"景"(意象)的结晶品。王安石有一首诗:

> 杨柳鸣蜩绿暗,荷花落日红酣。
> 三十六陂春水,白头相见江南。

前三句全是写景,江南的艳丽的阳春,但着了末一句,全部景象遂笼罩上,啊,渗透进,一层无边的惆怅,回忆的愁思和重逢的欣慰,情景交织,成了一首绝美的"诗"。

元人马东篱有一首《天净沙》小令:

> 枯藤老树昏鸦,小桥流水人家,
> 古道西风瘦马,夕阳西下——
> 断肠人在天涯!

也是前四句完全写景,着了末一句写情,全篇点化成一片哀愁寂寞、宇宙荒寒、怅触无边的诗境。

艺术的意境,因人因地因情因景的不同,现出种种色相,如摩尼珠,幻出多样的美。同是一个星天月夜的景,影映出几层不同的诗境:

元人杨载《宗阳宫望月》云:

大地山河微有影,九天风露寂无声。

明画家沈周(石田)《写怀寄僧》云:

明河有影微云外,清露无声万木中。

清人盛青嵝咏《白莲》云:

半江残月欲无影,一岸冷云何处香。

杨诗写函盖乾坤的封建的帝居气概,沈诗写迥绝世尘的幽人境界,盛诗写风流蕴藉、流连光景的诗人胸怀。一主气象,一主幽思(禅境),一主情致。至于唐人陆龟蒙咏白莲的名句:"无情有恨何人见,月晓风清欲堕时。"却系为花传神,偏于赋体,诗境虽美,主于咏物。

在一个艺术表现里情和景交融互渗,因而发掘出最深的情,一层比一层更深的情,同时也透入了最深的景,一层比一层更晶莹的景；景中全是情，情具象而为景，因而涌现了一个独特的宇宙，崭新的意象，为人类增加了丰富的想象，替世界开辟了新境，正如恽南田所说："皆洁庵灵想之所独辟，总非人间所有。"这是我的所谓"意境"。"外师造化，中得心源！"唐代画家张璪这两句训示，是这意境创现的基本条件。

二 意境与山水

元人汤采真说："山水之为物，禀造化之秀，阴阳晦冥，晴雨寒暑，朝昏昼夜，随行改步，有无穷之趣，自非胸中丘壑，汪洋如万顷波者，未易摹写。"

艺术意境的创构，是使客观景物作我主观情思的象征。我人心中情思起伏，波澜变化，仪态万千，不是一个固定的物象轮廓能够如量表出，只有大自然的全幅生动的山川草木，云烟明晦，才足以表象我们胸襟里蓬勃无尽的灵感气韵。恽南田题画说："写此云山绵邈，代致相思，笔端丝丝，皆清泪也。"山水成了诗人画家抒写情思的媒介，所以中国画和诗，都爱以山水境界做表现和咏味的中心。和西洋自希腊以来拿人体做主要对象的艺术途径迥然不同。董其昌说得好："诗以山川为境，山川亦以诗为境。"艺术家禀赋的诗心，映射着天地的诗心。（诗纬云："诗者，天地之心。")山川大地是宇宙诗心的映现；画家诗人的心灵活跃，本身就是宇宙的创化，它的卷舒取舍，好似太虚片云，寒塘雁迹，空灵而自然！

三 意境创造与人格涵养

这种微妙境界的实现，端赖艺术家平素的精神涵养，天机的培植，在活泼泼的心灵飞跃而又凝神寂照的体验中突然地成就。元代大画家黄子久说："终日只在荒山乱石、丛木深筱中坐，意态忽忽，人不测其为何。又每往泖中通海处看急流轰浪，虽风雨骤至，水怪悲诧而不顾。"宋画家米友仁说："老境于世海中一毛发事泊然无着染。每静室僧趺，忘怀万虑，与碧虚寥廓同其流荡。"黄子久以狄阿理索斯（Dionysius）的热情深入宇宙的动象，米友仁却以阿波罗（Apollo）式的宁静涵映世界的广大精微，代表着艺术生活上两种最高精神形式。

在这种心境中完成的艺术境界自然能空灵动荡而又深沉幽渺。南唐董源说："写江南真山……用笔甚草草，近视之几不类物象，远观则景物粲然，幽情远思，如睹异境。"艺术家凭借他深静的心襟，发现宇宙间深沉的境地，他们在大自然里偶遇枯槎顽石，勺水疏林，都能以深情冷眼，求其幽意所在。黄子久每教人作深潭，以杂树溦之，其造境可想。

所以艺术境界的显现,绝不是纯客观地机械地描摹自然,而以"心匠自得处高"(米芾语)。尤其是山川景物,烟云变灭,不可临摹,须凭胸臆的创构,才能把握全景。宋画家宋迪论作山水画说:

> 先当求一败墙,张绢素讫,倚之败墙之上,朝夕观之。既久,隔素见败墙之上,高平曲折,皆成山水之象,心存目想:高者为山,下者为水,坎者为谷,缺者为涧,显者为近,晦者为远。神领意造,恍然见其有人禽草木飞动往来之象,了然在目,则随意命笔,默以神会,自然景皆天就,不类人为,是谓活笔。

他这段话很可以说明中国画家所常说的"丘壑成于胸中,既寤则发之于画",这和西洋印象派画家莫奈(Monet)早、午、晚三时临绘同一风景至于十余次,刻意写实的态度,迥不相同。

四 禅境的表现

中国艺术家何以不满于纯客观的机械式的摹写?因为

艺术意境不是一个单层的平面的自然的再现,而是一个境界层深的创构。从直观感相的摹写,活跃生命的传达,到最高灵境的启示,可以有三层次。蔡小石在《拜石山房词抄·叙》里形容词里面的这三境层极为精妙:

> 夫意以曲而善托,调以杳而弥深。始读之则万萼春深,百色妖露,积雪缟地,余霞绮天,一境也。(这是直观感相的摹写。)再读之则烟涛汹洞,霜飙飞摇。骏马下坡,泳鳞出水,又一境也。(这是活跃生命的传达。)卒读之而皎皎明月,仙仙白云,鸿雁高翔,坠叶如雨,不知其何以冲然而澹,翛然而远也。(这是最高灵境的启示。)

江顺诒评之曰:"始境,情胜也。又境,气胜也。终境,格胜也。""情"是心灵对于印象的直接反映,"气"是"生气远出"的生命,"格"是映射着人格的高尚格调。西洋艺术里面的印象主义、写实主义,是相等于第一境层。浪漫主义倾向于生命音乐性的奔放表现,古典主义倾向于生命雕像式的清明启示,都相当于第二境层。至于象征主义、表现主义、后期印象派,它们的旨趣在于第三境层。

而中国自六朝以来,艺术的理想境界却是"澄怀观道"(晋宋画家宗炳语),在拈花微笑里领悟色相中微妙至深的禅境。如冠九在《都转心庵词·序》中说得好：

"明月几时有"，词而仙者也。"吹皱一池春水"，词而禅者也。仙不易学而禅可学。学矣而非栖神幽遐，涵趣寥旷，通拈花之妙悟，穷非树之奇想，则动而为沾滞之音矣。其何以澄观一心而腾踔万象。是故词之为境也，空潭印月，上下一澈，屏智识也。清馨出尘，妙香远闻，参净因也。鸟鸣珠箔，群花自落，超圆觉也。

"澄观一心而腾踔万象"，是意境创造的始基；"鸟鸣珠箔，群花自落"，是意境表现的圆成。

绘画里面也能见到这意境的层深。明画家李日华在《紫桃轩杂缀》里说：

凡画有三次第：一曰身之所容。凡置身处，非邃密，即旷朗，水边林下，多景所凑处是也。（按：此为身边近景。）二曰目之所瞩。或奇胜，或渺迷，泉落云生，帆移鸟去是也。（按：此为眺瞩之景。）三曰意之所游。目力虽穷，而情脉不断处是也。（按：此为无尽空间之远景。）然又有意所忽处，如写一树一石，必有草草点染取态处。（按：

此为有限中见取无限,传神写生之境。)写长景必有意到笔不到,为神气所吞处,是非有心于忽,盖不得不忽也。(按:此为借有限以表现无限,造化与心源合一,一切形象都形成了象征境界。)其于佛法相宗所云极迥色、极略色之谓也。

于是绘画由丰满的色相达到最高心灵境界,所谓禅境的表现,种种境层,以此为归宿。戴醇士曾说:"恽正叔以'落叶聚还散,寒鸦栖复惊'(李白诗句)品一峰(黄子久)所谓孤篷自振,惊沙坐飞者也,画也而几乎禅矣。"禅是动中的极静,也是静中的极动,寂而常照,照而常寂,动静不二,直探生命的本原。禅是中国人接触佛教大乘义后体认到自己心灵的深处而灿烂地发挥到哲学境界与艺术境界。静穆的观照和飞跃的生命构成艺术的两元,也是构成"禅"的心灵状态。《雪堂和尚拾遗录》里说:"舒州太平灯禅师颇习经论,傍教说禅。白云演和尚以偈寄之曰:'白云山头月,太平松下影,良夜无狂风,都成一片境。'灯得偈诵之,未久,于宗门方彻渊奥。"禅境借诗境表达出来。

所以中国艺术意境的创成,既须得屈原的缠绵悱恻,又须得庄子的超旷空灵。缠绵悱恻,才能一往情深,深入万物的核心,所谓"得其环中"。超旷空灵,才能如镜中花,水中月,羚羊挂角,无迹可寻,所谓"超以象外"。色即是空，空即是色，色不异空，空不异色，这不但是盛唐人的诗境，也是宋元人的画境。

五 道、舞、空白：中国艺术意境结构的特点

庄子是具有艺术天才的哲学家，对于艺术境界的阐发最为精妙。在他是"道"，这形而上原理，和"艺"，能够体合无间。"道"的生命进乎技，"技"的表现启示着"道"。在《养生主》里他有一段精彩的描写：

> 庖丁为文惠君解牛，手之所触，肩之所倚，足之所履，膝之所踦，砉然向然，奏刀騞然，莫不中音。合于《桑林》之舞，乃中《经首》（尧乐章）之会（节也）。文惠君曰："嘻，善哉！技盖至此乎？"庖丁释刀对曰："臣之所好者道也，进乎技矣。始臣之解牛之时，所见无非牛者；三年之后，未尝见全牛也；方今之时，臣以神遇而不以目视，官知止而神欲行。依乎天理，批大郤，导大窾，因其故然，技经肯綮之未尝，而况大軱乎！良庖岁更刀，割也；族庖月更刀，折也；今臣之刀十九年矣，所解数千牛矣，而刀刃若新发于硎。彼节者有间，而刀刃者无厚，以无厚入有间，恢

恢乎其于游刃必有余地矣。是以十九年而刀刃若新发于硎。虽然，每至于族（交错聚结处），吾见其难为，怵然为戒，视为止，行为迟，动刀甚微，谍然已解，如土委地。提刀而立，为之四顾，为之踌躇满志，善刀而藏之。"文惠君曰："善哉，吾闻庖丁之言，得养生焉。"

"道"的生命和"艺"的生命，游刃于虚，莫不中音，合于《桑林》之舞，乃中《经首》之会。音乐的节奏是它们的本体。所以儒家哲学也说："大乐与天地同和，大礼与天地同节。"《易》云："天地氤氲，万物化醇。"这生生的节奏是中国艺术境界的最后源泉。石涛题画云："天地氤氲秀结，四时朝暮垂垂，透过鸿蒙之理，堪留百代之奇。"艺术家要在作品里把握到天地境界！德国诗人诺瓦里斯（Novalis）说："混沌的眼，透过秩序的网幕，闪闪地发光。"石涛也说："在于墨海中立定精神，笔锋下决出生活，尺幅上换去毛骨，混沌里放出光明。"艺术要刊落一切表皮，呈显物的晶莹真境。

艺术家经过"写实"、"传神"到"妙悟"境内，由于妙悟，他们"透过鸿蒙之理，堪留百代之奇"。这个使命是够伟大的！

那么艺术意境之表现于作品，就是要透过秩序的网幕，使鸿蒙之理闪闪发光。这秩序的网幕是由各个艺术家的意匠组织线、点、光、色、形体、声音或文字成为有机谐和的艺术形式,以表出意境。

因为这意境是艺术家的独创,是从他最深的"心源"和"造化"接触时突然的领悟和震动中诞生的,它不是一昧客观的描绘,像一照相机的摄影。所以艺术家要能拿特创的"秩序的网幕"来把住那真理的闪光。音乐和建筑的秩序结构,尤能直接地启示宇宙真体的内部和谐与节奏,所以一切艺术趋向音乐的状态、建筑的意匠。

然而,尤其是"舞",这最高度的韵律、节奏、秩序、理性,同时是最高度的生命、旋动、力、热情,它不仅是一切艺术表现的究竟状态,且是宇宙创化过程的象征。艺术家在这时失落自己于造化的核心,沉冥入神,"若非穷玄妙于意表,安能合神变乎天机"(唐代大批评家张彦远论画语)。"是有真宰,与之沉浮"(司空图《二十四诗品》语),从深不可测的玄冥的体验中升化而出,行神如空,行气如虹。在这时只有"舞",这最紧密的律法和最热烈的旋动,能使这深不可测的玄冥的境界具象化、肉身化。

在这舞中,严谨如建筑的秩序流动而为音乐,浩荡奔驰的生命收敛而为韵律。艺术表演着宇宙的创化。所以唐代大书家张旭见公孙大娘剑器舞而悟笔法,大画家吴道子请裴将军舞剑以助壮气说:"庶因猛厉以通幽冥!"郭若虚的《图画见闻志》上说：

> （唐）开元中，将军裴旻居丧，诣吴道子，请于东都天宫寺画神鬼数壁，以资冥助。道子答曰："吾画笔久废，若将军有意，为吾缠结，舞剑一曲，庶因猛厉以通幽冥！"旻于是脱去缞服，若常时装束，走马如飞，左旋右转，掷剑入云，高数十丈，若电光下射。旻引手执鞘承之，剑透室而入。观者数千人，无不惊栗。道子于是援毫图壁，飒然风起，为天下之壮观。道子平生绘事得意，无出于此。

诗人杜甫形容诗的最高境界说："精微穿溟涬，飞动摧霹雳。"（《夜听许十一诵诗爱而有作》）前句是写沉冥中的探索，透进造化的精微的机械，后句是指大气盘旋的创造，具象而成飞舞。深沉的静照是飞动的活力的源泉。反过来说，也只有活跃的具体的生命舞姿、音乐的韵律、艺术的形象，才能使静照中的"道"具象化、肉身化。德国诗人侯德林（Hoerdelin）有两句诗含义极深：

> 谁沉冥到
> 那无涯际的"深"，

将热爱着

这最生动的"生"。

他这话使我们突然省悟中国哲学境界和艺术境界的特点。中国哲学是就"生命本身"体悟"道"的节奏。"道"具象于生活、礼乐制度。道尤表象于"艺"。灿烂的"艺"赋予"道"以形象和生命,"道"给予"艺"以深度和灵魂。《庄子·天地》篇有一段寓言说明只有艺"象罔"才能获得道真"玄珠":

> 黄帝游乎赤水之北,登乎昆仑之丘而南望,还归,遗其玄珠。(司马彪云:玄珠,道真也。)使知(理智)索之而不得。使离朱(色也,视觉也)索之而不得。使喫诟(言辩也)索之而不得也。乃使象罔,象罔得之。黄帝曰:"异哉!象罔乃可以得之乎?"

吕惠卿注释得好:"象则非无,罔则非有,非有非无,不皦不昧,此玄珠之所以得也。"非有非无,不皦不昧,这正是艺术形相的象征作用。"象"是景象,"罔"是虚幻,艺术家创造虚幻的景象以象征宇宙人生的真际。真理闪耀于艺术形相里,玄珠的皪于象罔里。歌德曾说:"真理和神性一样,是永不肯让我们直接识知的。我们只能在反光、譬喻、象征里面观照它。"又说:"在璀璨的反光里面我们把握到生命。"生命在他就是宇宙真际。他在《浮士德》里面的诗句"一切生灭者,皆是一象征",更说明"道""真的生命"是寓在一切变灭的形相里。英国诗人勃莱克的一首诗说得好:

一花一世界,一沙一天国,
君掌盛无边,刹那含永劫。

——田汉译

这诗和中国宋僧道璨的重阳诗句"天地一东篱,万古一重九",都能喻无尽于有限,一切生灭者象征着永恒。

人类这种最高的精神活动,艺术境界与哲理境界,是诞生于一个最自由最充沛的深心的自我。这充沛的自我,真力弥满,万象在旁,掉臂游行,超脱自在,需要空间,供他活动。(参见拙作《中西画法所表现的空间意识》)于是"舞"是他最直接、最具体的自然流露。"舞"是中国一切艺术境界的典型。中国的书法、画法都趋向飞舞。庄严的建筑也有飞檐表现着舞姿。杜甫《观公孙大娘弟子舞剑器行》首段云:

> 昔有佳人公孙氏，一舞剑器动四方。
> 观者如山色沮丧，天地为之久低昂。
> ……

天地是舞，是诗（诗者天地之心），是音乐（大乐与天地同和）。中国绘画境界的特点建筑在这上面。画家解衣盘礴，面对着一张空白的纸（表象着舞的空间），用飞舞的草情篆意谱出宇宙万形里的音乐和诗境。照相机所摄万物形体的底层在纸上是构成一片黑影。物体轮廓线内的纹理形象模糊不清。山上草树崖石不能生动地表出它们的脉络姿态。只在大雪之后，崖石轮廓林木枝干才能显出它们各自的奕奕精神性格，恍如铺垫了一层空白纸，使万物以嵯峨突兀的线纹呈露它们的绘画状态。所以中国画家爱写雪景（王维），这里是天开图画。

中国画家面对这幅空白，不肯让物的底层黑影填实了物体的"面"，取消了空白，像西洋油画；所以直接地在这一片虚白上挥毫运墨，用各式皴文表出物的生命节奏。（石涛说："笔之于皴也，开生面也。"）同时借取书法中的草情篆意或隶体表达自己心中的韵律，所绘出的是心灵所直接领悟的物态天趣，造化和心灵的凝合。自由潇洒的笔墨，凭线纹的节奏，色彩的韵律，开径自行，养空而游，蹈光揖影，抟虚成实。（参看本文首段引方士庶语）

庄子说："虚室生白。"又说："唯道集虚。"中国诗词文章里都着重这空中点染、抟虚成实的表现方法，使诗境、词境里面有空间，有荡漾，和中国画面具同样的意境结构。

中国特有的艺术——书法，尤能传达这空灵动荡的意境。唐张怀瓘在他的《书议》里形容王羲之的用笔说："一点一画，意态纵横，偃亚中间，绰有余裕。然字峻秀，类于生动，幽若深远，焕若神明，以不测为量者，书之妙也。"在这里，我们见到书法的妙境通于绘画，虚空中传出动荡，神明里透出幽深，超以象外，得其环中，是中国艺术的一切造境。

王船山在《夕堂永日绪论》里说："论画者曰，咫尺有万里之势，一势字宜着眼。若不论势，则缩万里于咫尺，直是《广舆记》前一天下图耳。五言绝句以此为落想时第一义。唯盛唐人能得其妙。如'君家住何处，妾住在横塘，停船暂借问，或恐是同乡'，墨气所射，四表无穷，无字处皆其意也！"高日甫《论画歌》曰："即其笔墨所未到，亦有灵气空中行。"笪重光说："虚实相生，无画处皆成妙境。"三人的话都是注意到艺术境界里的虚空要素。中国的诗词、绘画、书法里，表现着同样的意境结构，代表着中国人的宇宙意识。盛唐王、孟派的诗，固多空花水月的禅境；北宋人词空中荡漾，绵渺无际；就是南宋词人姜白石的"二十四桥仍在，波心荡冷月无声"，周草窗的"看画船尽入西泠,闲却半湖春色",也能以空虚衬托实景,墨气所射,四表无穷。但就它渲染的境象说,还是不及唐人绝句能"无字处皆其意",更为高绝。中国人对"道"的体验,是"于空寂处见流行,于流行处见空寂",唯道集虚,体用不二,这构成中国人的生命情调和艺术意境的实相。

王船山又说:"工部(杜甫)之工,在即物深致,无细不章。右丞(王维)之妙,在广摄四旁,圜中自显。"又说:"右丞妙手能使在远者近,抟虚作实,则心自旁灵,形自当位。"这话极有意思。"心自旁灵"表现于"墨气所射,四表无穷","形自当位"是"咫尺有万里之势"。"广摄四旁,圜中自显","使在远者近,抟虚作实",这正是大画家大诗人王维创造意境的手法,代表着中国人于空虚中创现生命的流行,氤氲的气韵。

王船山论到诗中意境的创造,还有一段精深微妙的话,使我们领悟"中国艺术意境之诞生"的终极根据。他说:"唯此窅窅摇摇之中,有一切真情在内,可兴,可观,可群,可怨,是以有取于诗。然因此而诗,则又往往缘景,缘事,缘已往,缘未来,终年苦吟而不能自道。以追光蹑景之笔,写通天尽人之怀,是诗家正法眼藏。""以追光蹑景之笔,写通天尽人之怀",这两句话表出中国艺术的最后的理想和最高的成就。唐、宋人诗词是这样,宋、元人的绘画也是这样。

尤其是在宋、元人的山水花鸟画里，我们具体地欣赏到这"以追光蹑景之笔，写通天尽人之怀"。画家所写的自然生命，集中在一片无边的虚白上。空中荡漾着"视之不见、听之不闻、搏之不得"的"道"，老子名之为"夷""希""微"。在这一片虚白上幻现的一花一鸟、一树一石、一山一水，都负荷着无限的深意、无边的深情。（画家、诗人对万物一视同仁，往往很远的微小的一草一石，都用工笔画出，或在逸笔撒脱中表出微茫惨淡的意趣。）万物浸在光被四表的神的爱中，宁静而深沉。深，像在一和平的梦中，给予观者的感受是一澈透灵魂的安慰和惺惺的微妙的领悟。

中国画的用笔，从空中直落，墨花飞舞，和画上虚白，溶成一片，画境恍如"一片云，因日成彩，光不在内，亦不在外，既无轮廓，亦无丝理，可以生无穷之情，而情了无寄"（借王船山评王俭《春诗》绝句语）。中国画的光是动荡着全幅画面的一种形而上的、非写实的宇宙灵气的流行，贯彻中边，往复上下。古绢的黯然而光，尤能传达这种神秘的意味。西洋传统的油画填没画底，不留空白，画面上动荡的光和气氛仍是物理的目睹的实质，而中国画上画家用心所在，正在无笔墨处，无笔墨处却是飘渺天倪，化工的境界（即其笔墨所未到，亦有灵气空中行）。这种画面的构造是植根于中国心灵里葱茏氤氲、蓬勃生发的宇宙意识。王船山说得好:"两间之固有者,自然之华,因流动生变而成其绮丽,心目之所及,文情赴之,貌其本荣,如所存而显之,即以华奕照耀,动人无际矣。"这不是唐诗宋画给予我们的征象吗?

然而近代文人的诗笔画境缺乏照人的光彩,动人的情致,丰富的意象,这是民族心灵一时枯萎的征象吗?中国人爱在山水中设置空亭一所。戴醇士说:"群山郁苍,群木荟蔚,空亭翼然,吐纳云气。"一座空亭竟成为山川灵气动荡吐纳的交点和山川精神聚集的处所。倪云林每画山水,多置空亭,他有"亭下不逢人,夕阳澹秋影"的名句。张宣题倪画《溪亭山色图》诗云:"石滑岩前雨,泉香树杪风。江山无限景,都聚一亭中。"苏东坡《涵虚亭》诗云:"惟有此亭无一物,坐观万景得天全。"唯道集虚,中国建筑也表现着中国人的宇宙情调。

空寂中生气流行,鸢飞鱼跃,是中国人艺术心灵与宇宙意象"两镜相入"互摄互映的华严境界。倪云林有一绝句,最能写出此境:

兰生幽谷中,倒影还自照。
无人作妍暖,春风发微笑。

希腊神话里水仙之神(Narcissus)临水自鉴,眷恋着自己的仙姿，无限相思，憔悴以死。中国的兰生幽谷，倒影自照，孤芳自赏，虽感空寂，却有春风微笑相伴，一呼一吸，宇宙息息相关，悦怿风神，悠然自足。（中西精神的差别相。）

艺术的境界，既使心灵和宇宙净化，又使心灵和宇宙深化，使人在超脱的胸襟里体味到宇宙的深境。

唐朝诗人常建的《江上琴兴》一诗，最能写出艺术（琴声）这净化深化的作用：

> 江上调玉琴，一弦清一心。
> 泠泠七弦遍，万木澄幽阴。
> 能使江月白，又令江水深。
> 始知梧桐枝，可以徽黄金。

中国文艺里意境高超莹洁而具有壮阔幽深的宇宙意识、生命情调的作品也不可多见。我们可以举出宋人张于湖的一首词来。他的《念奴娇·过洞庭》词云：

> 洞庭青草，近中秋，更无一点风色。玉鉴琼田三万顷，着我扁舟一叶。素月分辉，明河共影，表里俱澄澈。悠然心会，妙处难与君说。　应念岭表经年，孤光自照，肝胆皆冰雪。短发萧疏

襟袖冷，稳泛沧溟空阔。尽吸西江，细斟北斗，万象为宾客。（对空间之超脱。）扣舷独啸，不知今夕何夕！（对时间之超脱。）

这真是"雪涤凡响，棣通太音，万尘息吹，一真孤露"。笔者自己也曾写过一首小诗，希望能传达中国心灵的宇宙情调，不揣陋劣，附在这里，借供参证：

> 飙风天际来，绿压群峰暝。
> 云罅漏夕晖，光写一川冷。
> 悠悠白鹭飞，淡淡孤霞迥。
> 系缆月华生，万象浴清影。
> ——《柏溪夏晚归棹》

艺术的意境有它的深度、高度、阔度。杜甫诗的高、大、深，俱不可及。"吐弃到人所不能吐弃为高，涵茹到人所不能涵茹为大，曲折到人所不能曲折为深。"（刘熙载评杜甫诗语。）叶梦得《石林诗话》里也说："禅家有三种语，老杜诗亦然。如'波漂菰米沉云黑，露冷莲房坠粉红'，为函盖乾坤语。'落花游丝白日静，鸣鸠乳燕青春深'，为随波逐浪语。'百年地僻柴门迥，五月江深草阁寒'，为截断众流语。"函盖乾坤是大，随波逐浪是深，截断众流是高。

李太白的诗也具有这高、深、大。但太白的情调较偏向于宇宙境象的大和高。太白登华山落雁峰,说:"此山最高,呼吸之气,想通帝座,恨不携谢朓惊人语来,搔首问青天耳!"(《唐语林》)杜甫则"直取性情真"(杜甫诗句),他更能以深情掘发人性的深度,他具有但丁的沉着的热情和歌德的具体表现力。

李、杜境界的高、深、大,王维的静、远、空、灵,都植根于一个活跃的、至动而有韵律的心灵。承继这心灵,是我们深衷的喜悦。

本文系拙稿《中国艺术底写实传神与造境》的第三篇。前两篇尚在草拟中。本文初稿曾在《时事潮文艺》创刊号发表,现重予删略增改,俾拙旨稍加清晰,以就正读者。承《哲学评论》重予刊出,无任感谢。

(原载《哲学评论》季刊第八卷第五期,1944年1月出版)

论中西画法的渊源与基础[1]

人类在生活中所体验的境界与意义，有用逻辑的体系范围之、条理之，以表达出来的，这是科学与哲学。有在人生的实践行为或人格心灵的态度里表达出来的，这是道德与宗教。但也还有那在实践生活中体味万物的形象，天机活泼，深入"生命节奏的核心"，以自由谐和的形式，表达出人生最深的意趣，这就是"美"与"美术"。

所以美与美术的特点是在"形式"，在"节奏"，而它所表现的是生命的内核，是生命内部最深的动，是至动而有条理的生命情调。"一切的艺术都是趋向音乐的状态。"这是派脱（W. Pater）最堪玩味的名言。

美术中所谓形式，如数量的比例、形线的排列（建筑）、色彩的和谐（绘画）、音律的节奏，都是抽象的点、

---

[1] 德国学者菲歇尔博士Dr.Otto Fischer近著《中国汉代绘画》一书，极有价值。拙文颇得暗示与兴感，特在此介绍于国人。又拙文《介绍两本关于中国画学的书并论中国的绘画》，可与此文参看。——作者原注

线、面、体或声音的交织结构,为了集中地、提高地和深入地反映现实的形相及心情诸感,使人在摇曳荡漾的律动与谐和中窥见真理,引发无穷的意趣,绵缈的思想。

所以形式的作用可以别为三项:

(一)美的形式的组织,使一片自然或人生的内容自成一独立的有机体的形象,引动我们对它能有集中的注意、深入的体验。"间隔化"是"形式"的消极的功用。美的对象之第一步需要间隔。图画的框、雕像的石座、堂宇的栏干台阶、剧台的帘幕(新式的配光法及观众坐黑暗中)、从窗眼窥青山一角、登高俯瞰黑夜幕罩的灯火街市,这些美的境界都是由各种间隔作用造成。

(二)美的形式之积极的作用是组织、集合、配置。一言蔽之,是构图。使片景孤境能织成一内在自足的境界,无待于外而自成一意义丰满的小宇宙,启示着宇宙人生的更深一层的真实。

希腊大建筑家以极简单朴质的形体线条构造典雅庙堂,使人千载之下瞻赏之犹有无穷高远圣美的意境,令人不能忘怀。

(三)形式之最后与最深的作用,就是它不只是化实相为空灵,引人精神飞越,超人美境;而尤在它能进一步引人"由美入真",深入生命节奏的核心。世界上唯有最生动的艺术形式——如音乐、舞蹈姿态、建筑、书法、中国戏面谱、钟鼎彝器的形态与花纹——乃最能表达人类不可言、不可状之心灵姿式与生命的律动。

每一个伟大的时代，伟大的文化，都欲在实用生活之余裕，或在社会的重要典礼，以庄严的建筑、崇高的音乐、闳丽的舞蹈，表达着生命的高潮、一代精神的最深节奏。（北平天坛及祈年殿是象征中国古代宇宙观最伟大的建筑。）建筑形体的抽象结构、音乐的节律与和谐、舞蹈的线纹姿式，乃最能表现吾人深心的情调与律动。

吾人借此返于"失去了的和谐，埋没了的节奏"，重新获得生命的中心，乃得真自由、真生命。美术对于人生的意义与价值在此。

中国的瓦木建筑易于毁灭，圆雕艺术不及希腊发达，古代封建礼乐生活之形式美也早已破灭。民族的天才乃借笔墨的飞舞，写胸中的逸气（逸气即是自由的超脱的心灵节奏）。所以中国画法不重具体物象的刻画，而倾向抽象的笔墨表达人格心情与意境。中国画是一种建筑的形线美、音乐的节奏美、舞蹈的姿态美。其要素不在机械的写实，而在创造意象，虽然它的出发点也极重写实，如花鸟画写生的精妙，为世界第一。

中国画真像一种舞蹈，画家解衣盘礴，任意挥洒。他的精神与着重点在全幅的节奏生命而不沾滞于个体形相的刻画。画家用笔墨的浓淡，点线的交错，明暗虚实的互映，形体气势的开合，谱成一幅如音乐如舞蹈的图案。物体形象固宛然在目，然而飞动摇曳，似真似幻，完全溶解浑化在笔墨点线的互流交错之中！

西洋自埃及、希腊以来传统的画风，是在一幅幻现立体空间的画境中描出圆雕式的物体。特重透视法、解剖学、光影凸凹的晕染。画境似可走进，似可手摩，它们的渊源与背景是埃及、希腊的雕刻艺术与建筑空间。

在中国则人体圆雕远不及希腊发达，亦未臻最高的纯雕刻风味的境界。晋、唐以来塑像反受画境影响，具有画风。杨惠之的雕塑是和吴道子的绘画相通，不似希腊的立体雕刻成为西洋后来画家的范本。而商、周钟鼎敦尊等彝器则形态沉重浑穆、典雅和美，其表现中国宇宙情绪可与希腊神像雕刻相当。中国的画境、画风与画法的特点当在此种钟鼎彝器盘鉴的花纹图案及汉代壁画中求之。

在这些花纹中人物、禽兽、虫鱼、龙凤等飞动的形相，跳跃宛转，活泼异常。但它们完全溶化浑合于全幅图案的流动花纹线条里面。物象融于花纹，花纹亦即原本于物象形线的蜕化、僵化。每一个动物形象是一组飞动线纹之节奏的交织，而融合在全幅花纹的交响曲中。它们个个生动，而个个抽象化，不雕凿凹凸立体的形似，而注重飞动姿态之节奏和韵律的表现。这内部的运动，用线纹表达出来的，就是物的"骨气"（张彦远《历代名画记》云："古之画或遗其形似而尚其骨气。"）。骨是主持"动"的肢体，写骨气即是写着动的核心。中国绘画六法中之"骨法用笔"，即系运用笔法把捉物的骨气以表现生命动象。所谓"气韵生动"是骨法用笔的目标与结果。

在这种点线交流的律动的形相里面，立体的、静的空间失去意义，它不复是位置物体的间架。画幅中飞动的物象与"空白"处处交融，结成全幅流动的虚灵的节奏。空白在中国画里不复是包举万象位置万物的轮廓，而是溶入万物内部，参加万象之动的虚灵的"道"。画幅中虚实明暗交融互映，构成缥缈浮动的氤氲气韵，真如我们目睹的山川真景。此中有明暗、有凹凸、有宇宙空间的深远，但却没有立体的刻画痕；亦不似西洋油画如可走进的实景，乃是一片神游的意境。因为中国画法以抽象的笔墨把捉物象骨气，写出物的内部生命，则"立体体积"的"深度"之感也自然产生，正不必刻画雕凿，渲染凹凸，反失真态，流于板滞。

然而，中国画既超脱了刻板的立体空间、凹凸实体及光线阴影，于是它的画法乃能笔笔灵虚，不滞于物，而又笔笔写实，为物传神。唐志契的《绘事微言》中有句云："墨沈留川影，笔花传入神。"笔既不滞于物，笔乃留有余地，抒写作家自己胸中浩荡之思、奇逸之趣。而引书法入画乃成中国画第一特点。董其昌云："以草隶奇字之法为之，树如屈铁，山如画沙，绝去甜俗蹊径，乃为士气。"中国特有的艺术"书法"实为中国绘画的骨干，各种点线皴法溶解万象超入灵虚妙境，而融诗心、诗境于画景，亦成为中国画第二特色。中国乐教失传，诗人不能弦歌，乃将心灵的情韵表现于书法、画法。书法尤为代替音乐的抽象艺术。在画幅上题诗写字，借书法以点醒画中的笔法，借诗句以衬出画中意境，而并不觉其破坏画景（在西洋油画上题句即破坏其写实幻境），这又是中国画可注意的特色，因中、西画法所表现的"境界层"根本不同：一为写实的，一为虚灵的；一为物我对立的，一为物我浑融的。中国画以书法为骨干，以诗境为灵魂，诗、书、画同属于一境层。西画以建筑空间为间架，以雕塑人体为对象，建筑、雕刻、油画同属于一境层。中国画运用笔勾的线纹及墨色的浓淡直接表达生命情调，透入物象的核心，其精神简淡幽微，"洗尽尘滓，独存孤迥"。唐代大批评家张彦远说："得其形似，则无其气韵。具其彩色，则失其笔法。"遗形似而尚骨气，薄彩色以重笔法。"超以象外，得其环中"，这是中国画宋元以后的趋向。然而形似逼真与色彩浓丽，却正是西洋油画的特色。中西绘画的趋向不同如此。

商、周的钟鼎彝器及盘鉴上图案花纹进展而为汉代壁画，人物、禽兽已渐从花纹图案的包围中解放，然在汉画中还常看到花纹遗迹环绕起伏于人兽飞动的姿态中间，以联系呼应全幅的节奏。东晋顾恺之的画全从汉画脱胎,以线纹流动之美(如春蚕吐丝)组织人物衣褶,构成全幅生动的画面。而中国人物画之发展乃与西洋大异其趣。西洋人物画脱胎于希腊的雕刻,以全身肢体之立体的描摹为主要。中国人物画则一方着重眸子的传神,另一方则在衣褶的飘洒流动中,以各式线纹的描法表现各种性格与生命姿态。南北朝时印度传来西方晕染凹凸阴影之法,虽一时有人模仿(张僧繇曾于一乘寺门上画凹凸花,远望眼晕如真),然终为中国画风所排斥放弃,不合中国心理。中国画自有它独特的宇宙意识与生命情调,一贯相承,至宋元山水画、花鸟画发达,它的特殊画风更为显著。以各式抽象的点线皴擦摄取万物的骨相与气韵,其妙处尤在点画离披,时见缺落,逸笔撇脱,若断若续,而一点一拂,具含气韵。以丰富的暗示力与象征力代形相的实写,超脱而浑厚。大痴山人画山水,苍苍莽莽,浑化无迹,而气韵蓬松,得山川的元气;其最不似处、最荒率处,最为得神。似真似梦的境界涵浑在一无形无迹,而又无往不在的虚空中:"色即是空,空即是色。"气韵流动,是诗、是音乐、是舞蹈,不是立体的雕刻!

中国画既以"气韵生动"即"生命的律动"为终始的对象,而以笔法取物之骨气,所谓"骨法用笔"为绘画的手段,于是晋谢赫的六法以"应物象形""随类赋彩"之模仿自然，及"经营位置"之研究和谐、秩序、比例、匀称等问题列在三四等地位。然而这"模仿自然"及"形式美"（即和谐、比例等），却系占据西洋美学思想发展之中心的两大中心问题。希腊艺术理论尤不能越此范围。[1] 唯逮至近代西洋人"浮士德精神"的发展，美学与艺术理论中乃产生"生命表现"及"情感移入"等问题。而西洋艺术亦自二十世纪起乃思超脱这传统的观点，辟新宇宙观，于是有立体主义、表现主义等对传统的反动，然终系西洋绘画中所产生的纠纷，与中国绘画的作风立场究竟不相同。

西洋文化的主要基础在希腊，西洋绘画的基础也就在希腊的艺术。希腊民族是艺术与哲学的民族，而它在艺术上最高的表现是建筑与雕刻。希腊的庙堂圣殿是希腊文化生活的中心。它们清丽高雅、庄严朴质，尽量表现"和谐、匀称、整齐、凝重、静穆"的形式美。远眺雅典圣殿的柱廊，真如一曲凝住了的音乐。哲学家毕达哥拉斯视宇宙的基本结构，是在数量的比例中表示着音乐式的和谐。希腊的建筑确象征了这种形式严整的宇宙观。柏拉图所称为宇宙本体的"理念"，也是一种合于数学形体的理想图形。亚里士多德也以"形式"与"质料"为宇宙构造的原理。当时以"和谐、秩序、比例、平衡"为美的最高标准与理想，

---

[1] 参看拙文：《哲学与艺术——希腊大哲学家的艺术理论》。——作者原注

几乎是一班希腊哲学家与艺术家共同的论调,而这些也是希腊艺术美的特殊征象。

然而希腊艺术除建筑外,尤重雕刻。雕刻则系模范人体,取象"自然"。当时艺术家竞以写幻逼真为贵。于是"模仿自然"也几乎成为希腊哲学家、艺术家共同的艺术理论。柏拉图因艺术是模仿自然而轻视它的价值。亚里士多德也以模仿自然说明艺术。这种艺术见解与主张系由于观察当时盛行的雕刻艺术而发生,是无可怀疑的。雕刻的对象"人体"是宇宙间具体而微,近而静的对象。进一步研究透视术与解剖学自是当然之事。中国绘画的渊源基础却系在商周钟鼎镜盘上所雕绘大自然深山大泽的龙蛇虎豹、星云鸟兽的飞动形态,而以卍字纹、回纹等连成各式模样以为底,借以象征宇宙生命的节奏。它的境界是一全幅的天地,不是单个的人体。它的笔法是流动有律的线纹,不是静止立体的形相。当时人尚系在山泽原野中与天地的大气流衍及自然界奇禽异兽的活泼生命相接触,且对之有神魔的感觉(《楚辞》中所表现的境界)。他们从深心里感觉万物有神魔的生命与力量。所以他们雕绘的生物也琦玮诡谲,呈现异样的生气魔力。(近代人视宇宙为平凡,绘出来的境界也就平凡。所写的虎豹是动物园铁栏里的虎豹,自缺少深山大泽的气象。)希腊人住在文明整洁的城市中,地中海日光朗丽,一切物象轮廓清楚。思想亦游泳于清明的逻辑与几何学中。神秘奇诡的幻感渐失，神们也失去深沉的神秘性，只是一种在高明愉快境域里的人生。人体的美，是他们的渴念。在人体美中发现宇宙的秩序、和谐、比例、平衡，即是发现"神"，因为这些即是宇宙结构的原理，神的象征。人体雕刻与神殿建筑是希腊艺术的极峰，它们也确实表现了希腊人的"神的境界"与"理想的美"。

西洋绘画的发展也就以这两种伟大艺术为背景、为基础，而决定了它特殊的路线与境界。

希腊的画，如庞贝古城遗迹所见的壁画，可以说是移雕像于画面，远看直如立体雕刻的摄影。立体的圆雕式的人体静坐或站立在透视的建筑空间里。后来西洋画法所用油色与毛刷尤适合于这种雕塑的描形。以这种画与中国古代花纹图案画或汉代南阳及四川壁画相对照，其动静之殊令人惊异。一为飞动的线纹，一为沉重的雕像。谢赫的六法以"气韵生动"为首目，确系说明中国画的特点，而中国哲学如《易经》以"动"说明宇宙人生（"天行健，君子以自强不息"），正与中国艺术精神相表里。

希腊艺术理论既因建筑与雕刻两大美术的暗示，以"形式美"（即基于建筑美的和谐、比例、对称、平衡等）及"模仿自然"（即雕刻艺术的特性）为最高原理，于是理想的艺术创作即系在模仿自然的实相中同时表达出和谐、比例、平衡、整齐的形式美。一座人体雕像须成为一"典范的",即具体形象溶合于标准形式,实现理想的人像,所谓柏拉图的"理念"。希腊伟大的雕刻确系表现那柏拉图哲学所发挥的理念世界。它们的人体雕像是人类永久的理想典范,是人世间的神境。这位轻视当时艺术的哲学家,不料他的"理念论"反成希腊艺术适合的注释,且成为后来千百年西洋美学与艺术理论的中心概念与问题。

西洋中古时的艺术文化因基督教的禁欲思想,不能有希腊的茂盛,号称黑暗时期。然而哥特式(gothic)的大教堂高耸入云,表现强烈的出世精神,其雕刻神像也全受宗教热情的支配,富于表现的能力,实灌输一种新境界、新技术给予西洋艺术。然而须近代西洋人始能重新了解它的意义与价值。(前之如歌德,近之如法国罗丹及德国的艺术学者。)而近代浪漫主义、表现主义的艺术运动,也于此寻找它们的精神渊源。

十五六世纪"文艺复兴"的艺术运动则远承希腊的立场而更渗入近代崇拜自然、陶醉现实的精神。这时的艺术有两大目标,即"真"与"美"。所谓真,即系模范自然,刻意写实。当时大天才(画家、雕刻家、科学家)达·芬奇(L.da Vinci)在他著名的《画论》中说:"最可夸奖的绘画是最能形似的绘画。"他们所描摹的自然以人体为中心,人体的造像又以希腊的雕刻为范本。所以达·芬奇又说:"圆描(即立体的雕塑式的描绘法)是绘画的主体与灵魂。"

（按：中国的人物画系一组流动线纹之节律的组合，其每一线条有独立的意义与表现，以参加全体点线音乐的交响曲。西画线条乃为描画形体轮廓或皴擦光影明暗的一分子，其结果是隐没在立体的幻象里，不见其痕迹，真所谓隐迹立形。中国画则正在独立的点线皴擦中表现境界与风格。然而亦由于中、西绘画工具之不同。中国的墨色若一刻画，即失去光彩气韵。西洋油色的描绘不唯幻出立体，且有明暗闪耀烘托无限情韵，可称"色彩的诗"。而轮廓及衣褶线纹亦有其来自希腊雕刻的高贵的美。）达·芬奇这句话道出了西洋画的特点。移雕刻入画面是西洋画传统的立场。因着重极端的求"真"，艺术家从事人体的解剖，以祈认识内部构造的真相。尸体难得且犯禁，艺术家往往黑夜赴坟地盗尸，斗室中灯光下秘密支解，若有无穷意味。达·芬奇也曾亲手解剖男女尸体三十余具，雕刻家唐迪（Donti）自夸曾手剖八十三具尸体之多。这是西洋艺术家的科学精神及西洋艺术的科学基础。还有一种科学也是西洋艺术的特殊观点所产生，这就是极为重要的透视学。绘画既重视自然对象之立体的描摹，而立体对象是位置在三进向的空间，于是极重要的透视术乃被建筑家卜鲁勒莱西（Brunelleci）于十五世纪初期发现，建筑家阿柏蒂（Alberti）第一次写成书。透视学与解剖学为西洋画家所必修，就同书法与诗为中国画家所必备涵养一样。而阐发这两种与西洋油画有如此重要关系之学术者为大雕刻家与建筑家，也就同阐发中国画理论及提高中国画地位者为诗人、书家一样。

求真的精神既如上述，求真之外则求"美"，为文艺复兴时画家之热烈的憧憬。真理披着美丽的外衣，寄"模仿自然"于"和谐形式"之中，是当时艺术家的一致的企图。而和谐的形式美则又以希腊的建筑为最高的典范。希腊建筑如巴泰龙（Parthenon）的万神殿表象着宇宙永久秩序；庄严整齐，不愧神灵的居宅。大建筑学家阿柏蒂在他的名著《建筑论》中说："美即是各部分之谐合，不能增一分，不能减一分。"又说："美是一种协调，一种和声。各部会归于全体，依据数量关系与秩序，适如最圆满之自然律'和谐'所要求。"于此可见文艺复兴所追求的美仍是踵步希腊，以亚里士多德所谓"复杂中之统一"（形式和谐）为美的准则。

"模仿自然"与"和谐的形式"为西洋传统艺术（所谓古典艺术）的中心观念已如上述。模仿自然是艺术的"内容"，形式和谐是艺术的"外形"，形式与内容乃成西洋美学史的中心问题。在中国画学的六法中则"应物象形"（即模仿自然）与"经营位置"（即形式和谐）列在第三、第五的地位。中、西趋向之不同，于此可见。然则西洋绘画不讲求"气韵生动"与"骨法用笔"吗？似又不然！

西洋画因脱胎于希腊雕刻，重视立体的描摹；而雕刻形体之凹凸的显露实又凭借光线与阴影。画家用油色烘染出立体的凹凸，同时一种光影的明暗闪动跳跃于全幅画面，使画境空灵生动，自生气韵。故西洋油画表现气韵生动，实较中国色彩为易。而中国画则因工具写光困难，乃另辟蹊径，不在刻画凸凹的写实上求生活，而舍具体、趋抽象，于笔墨点线皴擦的表现力上见本领。其结果则笔情墨韵中点线交织，成一音乐性的"谱构"。其气韵生动为幽淡的、微妙的、静寂的、洒落的，没有彩色的喧哗炫耀，而富于心灵的幽深淡远。

中国画运用笔法墨气以外取物的骨相神态，内表人格心灵。不敷彩色而神韵骨气已足。西洋画则各人有各人的"色调"以表现各个性所见色相世界及自心的情韵。色彩的音乐与点线的音乐各有所长。中国画以墨调色，其浓淡明晦，映发光彩，相等于油画之光。清人沈宗骞在《芥舟学画编》里论人物画法说："盖画以骨干为主。骨干只须以笔墨写出。笔墨有神，则未设色之前，天然有一种应得之色，隐现于衣裳环佩之间，因而附之，自然深浅得宜，神采焕发。"在这几句话里又看出中国画的笔墨骨法与西洋画雕塑式的圆描法根本取象不同，又看出彩色在中国画上的地位，系附于笔墨骨法之下，宜于简淡，不似在西洋油画中处于主体地位。虽然"一切的艺术都是趋向音乐"，而华堂弦响与明月箫声，其韵调自别。

西洋文艺复兴时代的艺术虽根基于希腊的立场，着重"模仿自然"与"形式美"，然而一种近代人生的新精神，已潜伏滋生。"积极活动的生命"和"企向无限的憧憬"，是这新精神的内容。热爱大自然，陶醉于现世的美丽；眷念于光、色、空气。绘画上的彩色主义替代了希腊云石雕像的净素妍雅。所谓"绘画的风俗"继古典主义之"雕刻的风格"而兴起。于是古典主义与浪漫主义，印象主义、写实主义与表现主义、立体主义的争执支配了近代的画坛。然而西洋油画中所谓"绘画的风俗"，重明暗光影的韵调，仍系来源于立体雕刻上的阴影及其光的氛围。罗丹的雕刻就是一种绘画风格的雕刻。西洋油画境界是光影的气韵包围着立体雕像的核心。其"境界层"与中国画的抽象笔墨之超实相的结构终不相同。就是近代的印象主义，也不外乎是极端的描摹目睹的印象（渊源于模仿自然）。所谓立体主义，也渊源于古代几何形式的构图，其远祖在埃及的浮雕画及希腊艺术史中"几何主义"的作风。后期印象派重视线条的构图，颇有中国画的意味，然他们线条画的运笔法终不及中国的流动变化、意义丰富，且他们所表达的宇宙观点仍是西洋的立场，与中国根本不同。中画、西画各有传统的宇宙观点，造成中、西两大独立的绘画系统。

现在将这两方不同的观点与表现法再综述一下，以结束这篇短论：

（一）中国画所表现的境界特征，可以说是根基于中国民族的基本哲学，即《易经》的宇宙观：阴阳二气化生万物，万物皆禀天地之气以生，一切物体可以说是一种"气积"（庄子：天，积气也）。这生生不已的阴阳二气织成一种有节奏的生命。中国画的主题"气韵生动"，就是"生命的节奏"或"有节奏的生命"。伏羲画八卦，即是以最简单的线条结构表示宇宙万象的变化节奏。后来成为中国山水花鸟画的基本境界的老、庄思想及禅宗思想也不外乎于静观寂照中，求返于自己深心的心灵节奏，以体合宇宙内部的生命节奏。中国画自伏羲八卦、商周钟鼎图案花纹、汉代壁画、顾恺之以后历唐、宋、元、明，皆是运用笔法、墨法以取物象的骨气，物象外表的凹凸阴影终不愿刻画，以免笔滞于物。所以虽在六朝时受外来印度影响，输入晕染法，然而中国人则终不愿描写从"一个光泉"所看见的光线及阴影，如目睹的立体真景。而将全幅意境谱入一明暗虚实的节奏中，"神光离合，乍阴乍阳"（《洛神赋》语），以表现全宇宙的气韵生命，笔墨的点线皴擦既从刻画实体中解放出来，乃更能自由表达作者自心意匠的构图。画幅中每一丛林、一堆石，皆成一意匠的结构，神韵意趣超妙，如音乐的一节。气韵生动，由此产生。书法与诗和中国画的关系也由此建立。

（二）西洋绘画的境界，其渊源基础在于希腊的雕刻与建筑（其远祖尤在埃及浮雕及容貌画）。以目睹的具体实相融合于和谐整齐的形式，是他们的理想（希腊几何学研究具体物形中之普遍形相，西洋科学研究具体之物质运动，符合抽象的数理公式，盖有同样的精神）。雕刻形体上的光影凹凸利用油色晕染移入画面，其光彩明暗及颜色的鲜艳流丽构成画境之气韵生动。近代绘风更由古典主义的雕刻风格进展为色彩主义的绘画风格，虽象征了古典精神向近代精神的转变，然而他们的宇宙观点仍是一贯的，即"人"与"物"，"心"与"境"的对立相视。不过希腊的古典的境界是有限的具体宇宙包涵在和谐宁静的秩序中，近代的世界观是一无穷的力的系统在无尽的交流的关系中。而人与这世界对立，或欲以小己体合于宇宙，或思戡天役物，申张人类的权力意志，其主客观对立的态度则为一致（心、物及主观、客观问题始终支配了西洋哲学思想）。

而这物、我对立的观点，亦表现于西洋画的透视法。西画的景物与空间是画家立在地上平视的对象，由一固定的主观立场所看见的客观境界，貌似客观实颇主观（写实主义的极点就成了印象主义）。就是近代画风爱写无边天际的风光，仍是目睹具体的有限境界，不似中国画所写近景一树一石也是虚灵的、表象的。中国画的透视法是提神太虚，从世外鸟瞰的立场观照全整的律动的大自然，它的空间立场是在时间中徘徊移动，游目周览，集合数层与多方的视点谱成一幅超象虚灵的诗情画境（产生了中国特有的手卷画）。所以它的境界偏向远景。"高远、深远、平远"，是构成中国透视法的"三远"。在这远景里看不见刻画显露的凹凸及光线阴影。浓丽的色彩也隐没于轻烟淡霭。一片明暗的节奏表象着全幅宇宙的氤氲的气韵，正符合中国心灵蓬松潇洒的意境。故中国画的境界似乎主观而实为一片客观的全整宇宙，和中国哲学及其他精神方面一样。"荒寒""洒落"是心襟超脱的中国画家所认为最高的境界（元代大画家多为山林隐逸，画境最富于荒寒之趣），其体悟自然生命之深透，可称空前绝后，有如希腊人之启示人体的神境。

中国画因系鸟瞰的远景，其仰眺俯视与物象之距离相等，故多爱写长方立轴以揽自上至下的全景。数层的明暗虚实构成全幅的气韵与节奏。西洋画因系对立的平视，故多用近立方形的横幅以幻现自近至远的真景。而光与阴影的互映构成全幅的气韵流动。

中国画的作者因远超画境，俯瞰自然，在画境里不易寻得作家的立场，一片荒凉，似是无人自足的境界。（一幅西洋油画则须寻找得作家自己的立脚观点以鉴赏之。）然而中国作家的人格个性反因此完全融化潜隐在全画的意境里，尤表现在笔墨点线的姿态意趣里面。在此又看出中国精神之超世入世空有不二的态度。

还有一件可注意的事，就是我们东方另一大文化区印度绘画的观点，却系与西洋希腊精神相近，虽然它在色彩的幻美方面也表现了丰富的东方情调。印度绘法有所谓"六分"，梵云"萨邓迦"，相传在西历第三世纪始见记载，大约也系综括前人的意见，如中国谢赫的六法，其内容如下：

（1）形象之知识；（2）量及质之正确感受；（3）对于形体之情感；（4）典雅及美之表示；（5）逼似真相；（6）笔及色之美术的用法。[1]

综观六分，颇乏系统次序。其（1）（2）（3）（5）条不外乎模仿自然，注重描写形相质量的实际。其（4）条则为形式方面的和谐美。其（6）条属于技术方面。全部思想与希腊艺术论之特重"模仿自然"与"和谐的形式"洽相吻合。希腊人、印度人同为阿利安人种，其哲学思想与宇宙观念颇多相通的地方。艺术立场的相近也不足异了。魏晋六朝间，印度画法输入中国，不啻即是西洋画法开始影响中国，然而中国吸取它的晕染法而变化之，以表现自己的气韵生动与明暗节奏，却不袭取它凹凸阴影的刻画，仍不损害中国特殊的观点与作风。

然而中国画趋向抽象的笔墨，轻烟淡彩，虚灵如梦，

---

[1] 见吕凤子：《中国画与佛教之关系》，载《金陵学报》。——作者原注

洗净铅华，超脱暄丽耀彩的色相，却违背了"画是眼睛的艺术"之原始意义。"色彩的音乐"在中国画久已衰落。（近见唐代式壁画，敷色浓丽，线条劲秀，使人联想文艺复兴初期画家薄蒂采丽的油画。）幸宋、元大画家皆时时不忘以"自然"为师，于造化氤氲的气韵中求笔墨的真实基础。近代画家如石涛，亦游遍山川奇境，运奇姿纵横的笔墨，写神会目睹的妙景，真气远出，妙造自然。画家任伯年则更能于花卉翎毛表现精深华妙的色彩新境，为近代少有的色彩画家，令人反省绘画原来的使命。然而此外则颇多一味模仿传统的形式，外失自然真感，内乏性灵生气，目无真景，手无笔法。既缺绚丽灿烂的光色以与西画争胜，又遗失了古人雄浑流丽的笔墨能力。艺术本当与文化生命同向前进。中国画此后的道路，不但须恢复我国传统运笔线纹之美及其伟大的表现力，尤须倾心注目于彩色流韵的真景，创造浓丽清新的色相世界，更须在现实生活的体验中表达出时代的精神节奏。因为一切艺术虽是趋向音乐，止于至美，然而它最深最后的基础仍是在"真"与"诚"。

（原载中央大学《文艺丛刊》第一卷第二期，1934年10月出版）

中国诗画中所表现的空间意识

现代德国哲学家斯宾格勒（O. Spengler）在他的名著《西方文化之衰落》里面曾经阐明每一种独立的文化都有它的基本象征物，具体地表象它的基本精神。在埃及是"路"，在希腊是"立体"，在近代欧洲文化是"无尽的空间"。这三种基本象征都是取之于空间境界，而它们最具体的表现是在艺术里面。埃及金字塔里的甬道，希腊的雕像，近代欧洲的最大油画家伦勃朗（Rembrandt）的风景，是我们领悟这三种文化的最深的灵魂之媒介。

我们若用这个观点来考察中国艺术，尤其是画与诗中所表现的空间意识，再拿来同别种文化作比较，是一极有趣味的事。我不揣浅陋作了以下的尝试。

西洋十四世纪文艺复兴初期油画家梵埃格（Van Eyck）的画极注重写实、精细地描写人体，画面上表现屋宇内的空间，画家用科学及数学的眼光看世界。于是透视法的知识被发挥出来，而用之于绘画。意大利的建筑家卜鲁勒莱西在十五世纪的初年已经深通透视法。阿柏蒂在他一四三六年出版的《画论》里第一次把透视的理论发挥出来。

中国十八世纪雍正、乾隆时，名画家邹一桂对于西洋透视画法表示惊异而持不同情的态度。他说：

> 西洋人善勾股法，故其绘画于阴阳远近，不差锱黍，所画人物、屋树，皆有日影。其所用颜色与笔，与中华绝异。布影由阔而狭，以三角量之。画宫室于墙壁，令人几欲走进。学者能参用一一，亦具醒法。但笔法全无，虽工亦匠，故不入画品。

邹一桂认为西洋的透视的写实的画法"笔法全无，虽工亦匠"，只是一种技巧，与真正的绘画艺术没有关系，所以"不入画品"。而能够入画品的画，即能"成画"的画，应是不采取西洋透视法的立场，而采沈括所说的"以大观小之法"。

早在宋代，一位博学家沈括在他名著《梦溪笔谈》里就曾讥评大画家李成采用透视立场"仰画飞檐"，而主张"以大观小之法"。他说：

> 李成画山上亭馆及楼塔之类，皆仰画飞檐。

其说以谓"自下望上，如人平地望塔檐间，见其榱桷"。此论非也。大都山水之法，盖以大观小，如人观假山耳。若同真山之法，以下望上，只合见一重山，岂可重重悉见，兼不应见其溪谷间事。又如屋舍，亦不应见其中庭及后巷中事。若人在东立，则山西便合是远境；人在西立，则山东却合是远境。似此如何成画？李君盖不知以大观小之法，其间折高折远，自有妙理，岂在掀屋角也？

沈括以为画家画山水，并非如常人站在平地上一个固定的地点，仰首看山；而是用心灵的眼，笼罩全景，从全体来看部分，"以大观小"。把全部景界组织成一幅气韵生动、有节奏有和谐的艺术画面，不是机械地照相。这画面上的空间组织，是受着画中全部节奏及表情所支配。"其间折高折远，自有妙理。"这就是说须服从艺术上的构图原理，而不是服从科学上算学的透视法原理。他并且以为那种依据透视法的看法只能看见片面，看不到全面，所以不能成画。他说："似此如何成画？"他若是生在今日，简直会不承认西洋传统的画是画，岂不有趣？

这正可以拿奥国近代艺术学者芮格（Riegl）所主张的"艺术意志说"来解释。中国画家并不是不晓得透视的看法，而是他的"艺术意志"不愿在画面上表现透视看法，只摄取一个角度，而采取了"以大观小"的看法，从全面节奏来决定各部分，组织各部分。中国画法六法上所说的"经营位置"，不是依据透视原理，而是"折高折远，自有妙理"。全幅画面所表现的空间意识，是大自然的全面节奏与和谐。画家的眼睛不是从固定角度集中于一个透视的焦点，而是流动着飘瞥上下四方，一目千里，把握全境的阴阳开阖、高下起伏的节奏。中国最大诗人杜甫有两句诗表出这空、时意识说："乾坤万里眼，时序百年心。"《中庸》上也曾说："《诗》云'鸢飞戾天，鱼跃于渊'，言其上下察也。"

中国最早的山水画家六朝刘宋时的宗炳（公元五世纪）曾在他的《画山水·序》里说山水画家的事务是：

身所盘桓，目所绸缪。
以形写形，以色貌色。

画家以流盼的眼光绸缪于身所盘桓的形形色色。所看的不是一个透视的焦点，所采的不是一个固定的立场，所画出来的是具有音乐的节奏与和谐的境界。所以宗炳把他画的山水悬在壁上，对着弹琴，他说：

抚琴动操，欲令众山皆响！

山水对他表现一个音乐的境界，就如他的同时的前辈那位大诗人音乐家嵇康，也是拿音乐的心灵去领悟宇宙、领悟"道"。嵇康有名句云：

目送归鸿，手挥五弦。
俯仰自得，游心太玄。

中国诗人、画家确是用"俯仰自得"的精神来欣赏宇宙，而跃入大自然的节奏里去"游心太玄"。晋代大诗人陶渊明也有诗云："俯仰终宇宙，不乐复何如！"

用心灵的俯仰的眼睛来看空间万象，我们的诗和画中所表现的空间意识，不是像那代表希腊空间感觉的有轮廓的立体雕像，不是像那表现埃及空间感的墓中的直线甬道，也不是那代表近代欧洲精神的伦勃朗的油画中渺茫无际追寻无着的深空，而是"俯仰自得"的节奏化了的音乐化了的中国人的宇宙感。

《易经》上说："无往不复，天地际也。"这正是中国人的空间意识！

这种空间意识是音乐性的（不是科学的算学的建筑性的）。它不是用几何、三角测算来的，而是由音乐舞蹈体验来的。中国古代的所谓"乐"是包括着舞的。所以唐代大画家吴道子请裴将军舞剑以助壮气。宋郭若虚《图画见闻志》上说：

> （唐）开元中，将军裴旻居丧，诣吴道子，请于东都天宫寺画神鬼数壁，以资冥助。道子答曰："吾画笔久废，若将军有意，为吾缠结，舞剑一曲，庶因猛厉以通幽冥！"旻于是脱去缞服，若常时装束，走马如飞，左旋右转，掷剑入云，高数十丈，若电光下射。旻引手执鞘承之，剑透室而入。观者数千人，无不惊栗。道子于是援毫图壁，飒然风起，为天下之壮观。道子平生绘事得意，无出于此。

与吴道子同时的大书家张旭，也因观公孙大娘的剑器舞而书法大进。宋朝书家雷简夫因听着嘉陵江的涛声，而引起写字的灵感。雷简夫说：

> 余偶昼卧，闻江瀑涨声。想其波涛翻翻，迅驶掀搕，高下蹙逐奔去之状，无物可寄其情，遽起作书，则心中之想尽出笔下矣！

节奏化了的自然，可以由中国书法艺术表达出来，就同音乐舞蹈一样。而中国画家所画的自然也就是这音乐境界。他的空间意识和空间表现就是"无往不复的天地之际"。不是由几何、三角所构成的西洋的透视学的空间，而是阴阳明暗高下起伏所构成的节奏化了的空间。董其昌说："远山一起一伏则有势，疏林或高或下则有情，此画诀也。"

有势有情的自然是有声的自然。中国古代哲人曾以音乐的十二律配合一年十二个月节季的循环。《吕氏春秋·大乐》篇说："万物所出，造于太一，化于阴阳。萌芽始震，凝𣵩以形。形体有处，莫不有声。声出于和，和出于适。和适，先王定乐，由此而生。"唐代诗人韦应物有诗云：

万物自生听，太空恒寂寥。

唐诗人顾况的《范山人画山水歌》云（见《佩文斋书画谱》）："山峥嵘，水泓澄。漫漫汗汗一笔耕，一草一木栖神明。忽如空中有物，物中有声。复如远道望乡客，梦绕山川身不行！"

这是赞美范山人所画的山水好像空中的乐奏，表现一个音乐化的空间境界。宋代大批评家严羽在他的《沧浪诗话》里说唐诗人的诗中境界："如空中之音，相中之色，水中之月，镜中之象，言有尽而意无穷。"西人约柏特（Joubert）也说："佳诗如物之有香，空之有音，纯乎气息。"

又说："诗中妙境，每字能如弦上之音，空外余波，袅袅不绝。"（据钱锺书译）

这种诗境界，中国画家则表之于山水画中。苏东坡论唐代大画家兼诗人王维说："味摩诘之诗，诗中有画。观摩诘之画，画中有诗。"

王维的画我们现在不容易看到（传世的有两三幅）。我们可以从诗中看他画境，却发现里面的空间表现与后来中国山水画的特点一致！

王维的辋川诗有一绝句云：

北垞湖水北，杂树映朱栏。
逶迤南川水，明灭青林端。

在西洋画上有画大树参天者，则树外人家及远山流水必在地平线上缩短缩小，合乎透视法。而此处南川水却明灭于青林之端，不向下而向上，不向远而向近。和青林朱栏构成一片平面。而中国山水画家却取此同样的看法写之于画面。使西人诧中国画家不识透视法。然而这种看法是中国诗中的通例，如：

暗水流花径，春星带草堂。

——［唐］杜甫

卷帘唯白水,隐几亦青山。

——[唐]杜甫

白波吹粉壁,青嶂插雕梁。

——[唐]杜甫

天回北斗挂西楼。

——[唐]李白

檐飞宛溪水,窗落敬亭云。

——[唐]李白

水国舟中市,山桥树杪行。

——[唐]王维

窗影摇群木,墙阴载一峰。

——[唐]岑参

秋景墙头数点山。

——[唐]刘禹锡

窗前远岫悬生碧,帘外残霞挂熟红。

——[唐]罗虬

树杪玉堂悬。

——[唐]杜审言

江上晴楼翠霭间,满帘春水满窗山。

——[唐]李群玉

碧松梢外挂青天。

——[唐]杜牧

玉堂坚重而悬之于树杪,这是画境的平面化。青天悠远而挂之于松梢,这已经不止于世界的平面化,而是移远就近了。这不是西洋精神的追求无穷,而是饮吸无穷于自我之中!孟子曰:"万物皆备于我矣,反身而诚,乐莫大焉。"宋代哲学家邵雍"于所居作便坐,曰安乐窝,两旁开窗,曰日月牖"。正如杜甫诗云:

山河扶绣户,日月近雕梁。

深广无穷的宇宙来亲近我,扶持我,无庸我去争取那远穷的空间,像浮士德那样野心勃勃,彷徨不安。

中国人对于无穷空间这种特异的态度,阻碍中国人去发明透视法,而且使中国画至今避用透视法。我们再在中

国诗中征引那饮吸无穷空间于自我,网罗山川大地于门户的例证:

> 云生梁栋间,风出窗户里。
>
> ——[东晋]郭璞

> 绣甍结飞霞,璇题纳行月。
>
> ——[六朝]鲍照

> 窗中列远岫,庭际俯乔林。
>
> ——[六朝]谢朓

> 栋里归云白,窗外落晖红。
>
> ——[六朝]阴铿

> 画栋朝飞南浦云,珠帘暮卷西山雨。
>
> ——[唐]王勃

> 窗含西岭千秋雪,门泊东吴万里船。
>
> ——[唐]杜甫

> 天入沧浪一钓舟。
>
> ——[唐]杜甫

欲回天地入扁舟。

——［唐］李商隐

大壑随阶转，群山入户登。

——［唐］王维

隔窗云雾生衣上，卷幔山泉入镜中。

——［唐］王维

山月临窗近，天河入户低。

——［唐］沈佺期

山翠万重当槛出，水光千里抱城来。

——［唐］许浑

三峡江声流笔底，六朝帆影落樽前。

——［宋］米芾

山随宴坐图画出，水作夜窗风雨来。

——［宋］黄庭坚

一水护田将绿绕，两山排闼送青来。

——［宋］王安石

满眼长江水，苍然何郡山。
向来万里意，今在一窗间。

——［宋］陈简斋

江山重复争供眼，风雨纵横乱入楼。

——［宋］陆放翁

水光山色与人亲。

——［宋］李清照

帆影多从窗隙过，溪光合向镜中看。

——［清］叶令仪

云随一磬出林杪，窗放群山到榻前。

——［清］谭嗣同

而明朝诗人陈眉公的含晖楼诗《咏日光》云："朝挂扶桑枝，暮浴咸池水。灵光满大千，半在小楼里。"更能写出万物皆备于我的光明俊伟的气象。但早在这些诗人以前，晋宋的大诗人谢灵运（他是中国第一个写纯山水诗的）已经在他的《山居赋》里写出这网罗大地于门户、饮吸山川于胸怀的空间意识。中国诗人多爱从窗户庭阶，词人尤爱从帘、屏、栏干、镜以吐纳世界景物。我们有"天地为庐"的宇宙观。老子曰:"不出户,知天下。不窥牖,见天道。"庄子曰:"瞻彼阕者,虚室生白。"孔子曰:"谁能出不由户,何莫由斯道也。"中国这种移远就近、由近知远的空间意识,已经成为我们宇宙观的特色了。谢灵运《山居赋》里说:

> 抗北顶以葺馆,瞰南峰以启轩,罗曾崖于户里,列镜澜于窗前。因丹霞以赪楣,附碧云以翠椽。
>
> ——《宋书·谢灵运传》

六朝刘义庆的《世说新语》载:

> 简文(东晋)入华林园,顾谓左右曰:"会心处不必在远,翳然林水,便自有濠濮间想也。觉鸟兽禽鱼,自来亲人。"

晋代是中国山水情绪开始与发达时代。阮籍登临山水,尽日忘归。王羲之既去官,游名山,泛沧海,叹曰:"我卒当以乐死!"山水诗有了极高的造诣(谢灵运、陶渊明、谢朓等),山水画开始奠基。但是,顾恺之、宗炳、王微已经显示出中国空间意识的特质了。宗炳主张"身所盘桓，目所绸缪。以形写形，以色貌色"。王微主张"以一管之笔拟太虚之体"。而人们遂能"以大观小"又能"小中见大"。人们把大自然吸收到庭户内。庭园艺术发达极高。庭园中罗列峰峦湖沼，俨然一个小天地。后来宋僧道璨的重阳诗句："天地一东篱，万古一重九。"正写出这境界。而唐诗人孟郊更歌唱这天地反映到我的胸中，艺术的形象是由我裁成的，他唱道：

天地入胸臆，吁嗟生风雷。
文章得其微，物象由我裁！

东晋陶渊明则从他的庭园悠然窥见大宇宙的生气与节奏而证悟到忘言之境。他的《饮酒》诗云：

结庐在人境，而无车马喧。
问君何能尔，心远地自偏。
采菊东篱下，悠然见南山。
山气日夕佳，飞鸟相与还。
此中有真意，欲辨已忘言。

中国人的宇宙概念本与庐舍有关。"宇"是屋宇，"宙"是由

"宇"中出入往来。中国古代农人的农舍就是他的世界。他从屋宇得到空间观念。从"日出而作，日入而息"(《击壤歌》)，由宇中出入而得到时间观念。空间、时间合成他的宇宙而安顿着他的生活。他的生活是从容的，是有节奏的。对于他空间与时间是不能分割的。春夏秋冬配合着东南西北。这个意识表现在秦汉的哲学思想里。时间的节奏（一岁，十二月二十四节气）率领着空间方位（东南西北等）以构成我们的宇宙。所以我们的空间感觉随着我们的时间感觉而节奏化了，音乐化了！画家在画面所欲表现的不只是一个建筑意味的空间"宇"，而须同时具有音乐意味的时间节奏"宙"。一个充满音乐情趣的宇宙（时空合一体）是中国画家、诗人的艺术境界。画家、诗人对这个宇宙的态度，是像宗炳所说的"身所盘桓，目所绸缪。以形写形，以色貌色"。六朝刘勰在他的名著《文心雕龙》里也说到诗人对于万物是：

> 目既往还，心亦吐纳……情往似赠，兴来如答。

"目所绸缪"的空间景是不采取西洋透视看法集合于一个焦点，而采取数层观点以构成节奏化的空间。这就是中国画家的"三远"之说。"目既往还"的空间景是《周易》所说

"无往不复,天地际也"。我们再分别论之。

宋代画家郭熙所著《林泉高致·山水训》云:

> 山有三远:自山下而仰山巅,谓之高远。自山前而窥山后,谓之深远。自近山而至远山,谓之平远。高远之色清明,深远之色重晦,平远之色有明有晦。高远之势突兀,深远之意重叠,平远之意冲融而缥缈。其人物之在三远也,高远者明了,深远者细碎,平远者冲澹。明了者不短,细碎者不长,冲澹者不大。此三远也。

西洋画法上的透视法是在画面上依几何学的测算构造一个三进向的空间的幻景。一切视线集结于一个焦点(或消失点)。正如邹一桂所说:"布影由阔而狭,以三角量之。画宫室于墙壁,令人几欲走进。"而中国"三远"之法,则对于同此一片山景"仰山巅,窥山后,至远山",我们的视线是流动的,转折的。由高转深,由深转近,再横向于平远,成了一个节奏化的行动。郭熙又说:"正面溪山林木,盘折委曲,铺设其景而不厌其详,所以足人之近寻也。傍边平远,峤岭重叠,钩连缥缈而去,不厌其远,所以极人目之旷望也。"他对于高远、深远、平远,用俯仰往还的视线,抚摩之,眷恋之,一视同仁,处处流连。这与西洋透视法从一固定角度把握"一远",大相径庭。而正是宗炳所说的"身所盘桓,目所绸缪"的境界。苏东坡诗云:"赖有高楼能聚远,一时收拾与闲人。"真能说出中国诗人、画家对空间的吐纳与表现。

由这"三远法"所构的空间不复是几何学的科学性的透视空间,而是诗意的创造性的艺术空间。趋向着音乐境界,渗透了时间节奏。它的构成不依据算学,而依据动力学。清代画论家华琳名之曰"推"。(华琳生于乾隆五十六年,卒于道光三十年)华琳在他的《南宗抉秘》里有一段论"三远法",极为精彩。可惜还不为人所注意。兹不惜篇幅,详引于下,并略加阐扬。华琳说:

> 旧谱论山有三远云:"自下而仰其巅曰高远,自前而窥其后曰深远,自近而望及远曰平远。"此三远之定名也。又云:"远欲其高,当以泉高之。远欲其深,当以云深之。远欲其平,当以烟平之。"此三远之定法也。乃吾见诸前辈画,其所作三远山,间有将泉与云与烟颠倒用之者,又或有泉与云与烟一无所用者,而高者自高,深者自深,平者自平,于旧谱所论,大相径庭,何也?因详加揣测,悉心临摹,久而顿悟其妙。盖有推法焉,局架独耸,虽无泉而已具自高之势。层次加密,

虽无云而已有可深之势。低褊其形，虽无烟而已成必平之势。高也，深也，平也，因形取势。胎骨既定，纵欲不高不深不平而不可得。惟三远为不易！然高者由卑以推之，深者由浅以推之，至于平则必不高，仍须于平中之卑处以推及高。平则不甚深，亦须于平中之浅处以推及深。推之法得，斯远之神得矣！（白华按："推"是由线纹的力的方向及组织以引动吾人空间深远平之感入。不由几何形线的静的透视的秩序，而由生动线条的节奏趋势以引起空间感觉。如中国书法所引起的空间感。我名之为力线律动所构的空间境。如现代物理学所说的电磁野。）但以堆叠为推，以穿斫为推则不可！或曰："将何以为推乎？"余曰："似离而合四字实推字之神髓。（按：似离而合即有机的统一。化空间为生命境界，成了力线律动的原野。）假使以离为推，致彼此间隔，则是以形推，非以神推也。（按：西洋透视法是以离为推也。）且亦有离开而仍推不远者！况通幅邱壑无处处间隔之理，亦不可无离开之神。若处处合成一片，高与深与平，又皆不远矣。似离而合，无遗蕴矣！"或又曰："似离而合，毕竟以何法取之？"余曰："无他，疏密其笔，浓淡其墨，上下四傍，晦明借映，以阴可以推阳，以阳亦可以推阴。直观之如决流之推波，睨视之如行云之推月，无往非以笔推，无往非以墨推。似离而合之法得，即推之法得。远之法亦即尽于是矣。"乃或又曰："凡作画何处不当疏密其笔，浓淡其墨，岂独推法用之乎？"不知遇当推之势，作者自宜别有经营。于疏密其笔，浓淡其墨之中，又绘出一段斡旋神理，倒转乎缩地勾魂之术，捉摸于探幽扣寂之乡。似于他处之疏密浓淡，其作用较为精细。此是愚解，难以专注。必欲实实指出，又何异以泉以云以烟者拘泥之见乎？

华琳提出"推"字以说明中国画面上"远"之表出。"远"不是以堆叠穿斫的几何学的机械式的透视法表出，而是由"似离而合"的方法视空间如一有机统一的生命境界。由动的节奏引起我们跃入空间感觉。"直观之如决流之推波，睨视之如行云之推月。"全以波动力引起吾人游于一个"静而与阴同德，动而与阳同波"（《庄子》语）的宇宙。空间意识油然而生，不待堆叠穿斫，测量推度，而自然涌现了！这种空间的体验有如鸟之拍翅，鱼之泳水，在一开一阖的节奏中完成。所以中国山水的布局，以三四大开阖表现之。

中国人的最根本的宇宙观是《周易传》上所说的"一阴一阳之谓道"。我们画面的空间感也凭借一虚一实、一明一暗的流动节奏表达出来。虚（空间）同实（实物）联成一片波流，如决流之推波。明同暗也联成一片波动，如行云之推月。这确是中国山水画上空间境界的表现法。而王船山所论王维的诗法，更可证明中国诗与画中空间意识的一致。王船山《唐诗评选》里说："右丞妙手能使在远者近，抟虚作实，则心自旁灵，形自当位。"使在远者近，就是像我们前面所引各诗中移远就近的写景特色。我们欣赏山水画，也是抬头先看见高远的山峰，然后层层向下，窥见深远的山谷，转向近景林下水边，最后横向平远的沙滩小岛。远山与近景构成一幅平面空间节奏，因为我们的视线是从上至下的流转曲折，是节奏的动。空间在这里不是一个透视法的三进向的空间，以作为布置景物的虚空间架，而是它自己也参加进全幅节奏，受全幅音乐支配着的波动。这正是抟虚成实，使虚的空间化为实的生命。于是我们欣赏的心灵，光被四表，格于上下。"神理流于两间，天地供其一目。"（王船山评谢灵运诗语）而万物之形在这新观点内遂各有其新的适当的位置与关系。这位置不是依据几何、三角的透视法所规定，而是如沈括所说的"折高折远，自有妙理"。不在乎掀起屋角以表示自下望上的透视。而中国画在画台阶、楼梯时反而都是上宽而下窄，好像是跳进画内站到台阶上去往下看。而不是像西画上的透视是从欣赏者的立脚点向画内看去，阶梯是近阔而远狭，下宽而上窄。西洋人曾说中国画是反透视的。他不知我们是从远往近看，从高往下看，所以"折高折远，自有妙理"，另是一套构图。我们从既高且远的心灵的眼睛"以大观小"，俯仰宇宙，正如明朝沈颢《画麈》里赞美画中的境界说：

> 称性之作，直操玄化。盖缘山河大地，器类群生，皆自性现。其间卷舒取舍，如太虚片云，寒潭雁迹而已。

画家胸中的万象森罗，都从他的及万物的本体里流出来，呈现于客观的画面。它们的形象位置一本乎自然的音乐，如片云舒卷，自有妙理，不依照主观的透视看法。透视学是研究人站在一个固定地点看出去的主观境界，而中国画家、诗人宁采取"俯仰自得，游心太玄"，"目既往还，心亦吐纳"的看法，以达到"澄怀味像"（画家宗炳语）。这是全面的客观的看法。

早在《周易》的《系辞传》里已经说古代圣哲是"仰则观象于天，俯则观法于地，观鸟兽之文与地之宜。近取诸身，远取诸物"。俯仰往还，远近取与，是中国哲人的观照法，也是诗人的观照法。而这观照法表现在我们的诗中画中，构成我们诗画中空间意识的特质。

诗人对宇宙的俯仰观照由来已久，例证不胜枚举。汉苏武诗："俯观江汉流，仰视浮云翔。"魏文帝诗："俯视清水波，仰看明月光。"曹子建诗："俯降千仞，仰登天阻。"晋王羲之《兰亭诗》："仰视碧天际，俯瞰渌水滨。"又《兰亭集序》："仰观宇宙之大，俯察品类之盛，所以游目骋怀，足以极视听之娱，信可乐也。"谢灵运诗："俯视乔木杪，仰聆大壑淙。"而左太冲的名句"振衣千仞冈，濯足万里流"，也是俯仰宇宙的气概。诗人虽不必直用俯仰字样，而他的意境是俯仰自得，游目骋怀的。诗人、画家最爱登山临水。"欲穷千里目，更上一层楼"，是唐诗人王之涣名句。所以杜甫尤爱用"俯"字以表现他的"乾坤万里眼，时序百年心"。他的名句如"游目俯大江"，"层台俯风渚"，"杖藜俯沙渚"，"四顾俯层巅"，"展席俯长流"，"傲睨俯峭壁"，"此邦俯要冲"，"江槛俯鸳鸯"，"缘江路熟俯青郊"，"俯视但一气，焉能辨皇州"，等等，用"俯"字不下十数处。"俯"不但联系上下远近，且有笼罩一切的气度。古人说：赋家之心，包括宇宙。诗人对世界是抚爱的、关切的，虽然他的立场是超脱的、洒落的。晋唐诗人把这种观照法递给画家，中国画中空间境界的表现遂不得不与西洋大异其趣了。

中国人与西洋人同爱无尽空间（中国人爱称太虚太空无穷无涯），但此中有很大的精神意境上的不同。西洋人站在固定地点,由固定角度透视深空,他的视线失落于无穷,驰于无极。他对这无穷空间的态度是追寻的、控制的、冒险的、探索的。近代无线电、飞机都是表现这控制无限空间的欲望。而结果是彷徨不安,欲海难填。中国人对于这无尽空间的态度却是如古诗所说的:"高山仰止,景行行止,虽不能至,然心向往之。"人生在世,如泛扁舟,俯仰天地,容与中流,灵屿瑶岛,极目悠悠。中国人面对着平远之境而很少是一望无边的,像德国浪漫主义大画家菲德烈希(Friedrich)所画的杰作《海滨孤僧》那样,代表着对无穷空间的怅望。在中国画上的远空中必有数峰蕴藉,点缀空际,正如元人张秦娥诗云:"秋水一抹碧,残霞几缕红。水穷霞尽处,隐隐两三峰。"或以归雁晚鸦掩映斜阳。如陈国材诗云:"红日晚天三四雁,碧波春水一双鸥。"我们向往无穷的心,须能有所安顿,归返自我,成一回旋的节奏。我们的空间意识的象征不是埃及的直线甬道,不是希腊的立体雕像,也不是欧洲近代人的无尽空间,而是潆洄委曲,绸缪往复,遥望着一个目标的行程(道)!我们的宇宙是时间率领着空间,因而成就了节奏化、音乐化了的"时空合一体"。这是"一阴一阳之谓道"。《诗经》上蒹葭三章很能表出这境界。其第一章云:"蒹葭苍苍,白露为霜。所谓伊人,在水一方。溯洄从之,道阻且长。溯游从之,宛在水中央。"而我们前面引过的陶渊明的《饮酒》诗尤值得我们再三玩味：

> 采菊东篱下，悠然见南山。
> 山气日夕佳，飞鸟相与还。
> 此中有真意，欲辨已忘言。

中国人于有限中见到无限，又于无限中回归有限。他的意趣不是一往不返，而是回旋往复的。唐代诗人王维的名句云："行到水穷处，坐看云起时。"韦庄诗云："去雁数行天际没，孤云一点净中生。"储光羲的诗句云："落日登高屿，悠然望远山。溪流碧水去，云带清阴还。"以及杜甫的诗句："水流心不竞，云在意俱迟。"都是写这"目既往还，心亦吐纳……情往似赠，兴来如答"的精神意趣。"水流心不竞"是不像欧洲浮士德精神的追求无穷。"云在意俱迟"，是庄子所说的"圣人达绸缪，周尽一体矣"。也就是宗炳"目所绸缪"的境界。中国人抚爱万物，与万物同其节奏："静而与阴同德，动而与阳同波"（《庄子》语）。我们宇宙既是一阴一阳、一虚一实的生命节奏，所以它根本上是虚灵的时空合一体，是流荡着的生动气韵。哲人、诗人、画家，对于这世界是"体尽无穷而游无朕"（《庄子》语）。"体尽无穷"是已经证入生命的无穷节奏，画面上表出一片无尽的律动，如空中的乐奏。"而游无朕"，即是在中国画的底层的空白里表达着本体"道"（无朕境界）。庄子曰："瞻彼阕（空处）者，虚室生白。"这个虚白不是几何学的空间间架，死的空间，所谓顽空，而是创化万物的永恒运行着的道。这"白"是"道"的吉祥之光（见《庄子》）。宋朝苏东坡之弟苏辙在他《论语解》里说得好：

> 贵真空，不贵顽空。盖顽空则顽然无知之空，木石是也。若真空，则犹之天焉！湛然寂然，元无一物，然四时自尔行，百物自尔生。粲为日星，溆为云雾。沛为雨露，轰为雷霆。皆自虚空生。而所谓湛然寂然者自若也。

苏东坡也在诗里说："静故了群动，空故纳万境。"这纳万境与群动的"空"即是道。即是老子所说"无"，也就是中国画上的空间。老子曰：

> 道之为物，惟恍惟惚。
> 惚兮恍兮，其中有象。
> 恍兮惚兮，其中有物。
> 窈兮冥兮，其中有精。
> 其精甚真，其中有信。
>
> ——《老子·二十一章》

这不就是宋代的水墨画，如米芾云山所表现的境界吗？

杜甫也自夸他的诗"篇终接混茫"。庄子也曾赞"古之人在混茫之中"。明末思想家兼画家方密之自号"无道人"。他画山水淡烟点染，多用秃笔，不甚求似。尝戏示人曰："若猜此何物？正无道人得'无'处也！"

中国画中的虚空不是死的物理的空间间架，俾物质能在里面移动，反而是最活泼的生命源泉。一切物象的纷纭节奏从它里面流出来！我们回想到前面引过的唐诗人韦应物的诗："万物自生听，太空恒寂寥。"王维也有诗云："徒然万象多，澹尔太虚缅。"都能表明我所说的中国人特殊的空间意识。

而李太白的诗句"地形连海尽，天影落江虚"，更有深意。有限的地形接连无涯的大海，是有尽融入无尽。天影虽高，而俯落江面，是自无尽回注有尽，使天地的实相变为虚相，点化成一片空灵。宋代哲学家程伊川曰："冲漠无朕，而万象昭然已具。"昭然万象以冲漠无朕为基础。老子曰："大象无形。"诗人、画家由纷纭万象的摹写以证悟到"大象无形"。用太空、太虚、无、混茫，来暗示或象征这形而上的道，这永恒创化着的原理。中国山水画在六朝初萌芽时画家宗炳绘所游历山川于壁上曰："老病俱至，名山恐难遍游，唯当澄怀观道，卧以游之。"这"道"就是实中之虚，即实即虚的境界。明画家李日华说："绘画必以微茫惨淡为妙境,非性灵廓彻者未易证入,以虚淡中含意多耳!"

宗炳在他的《画山水·序》里已说到"山水质有而趣灵"。所以明代徐文长赞夏圭的山水卷说:"观夏圭此画,苍洁旷迥,令人舍形而悦影!"我们想到老子说过"五色令人目盲",又说"玄之又玄,众妙之门"(玄,青黑色),也是舍形而悦影,舍质而趣灵。王维在唐代彩色绚烂的风气中高唱"画道之中水墨为上"。连吴道子也行笔磊落,于焦墨痕中略施微染,轻烟淡彩,谓之吴装。当时中国画受西域影响,壁画色彩本是浓丽非常。现在敦煌壁画,可见一斑。而中国画家的"艺术意志"却舍形而悦影,走上水墨的道路。这说明中国人的宇宙观是"一阴一阳之谓道",道是虚灵的,是出没太虚自成文理的节奏与和谐。画家依据这意识构造他的空间境界,所以和西洋传统的依据科学精神的空间表现自然不同了。宋人陈淘上赞美画僧觉心说:"虚静师所造者道也。放乎诗,游戏乎画,如烟云水月,出没太虚,所谓风行水上,自成文理者也。"(见邓椿《画继》)

中国画中所表现的万象,正是出没太虚而自成文理的。画家由阴阳虚实谱出的节奏,虽涵泳在虚灵中,却绸缪往复,盘桓周旋,抚爱万物,而澄怀观道。清初周亮工的《读画录》中载庄淡庵题凌又蕙画的一首诗,最能道出我上面所探索的中国诗画所表现的空间意识。诗云:

> 性癖羞为设色工，聊将枯木写寒空。
> 洒然落落成三径，不断青青聚一丛。
> 人意萧条看欲雪，道心寂历悟生风。
> 低回留得无边在，又见归鸦夕照中。

中国人不是向无边空间作无限制的追求，而是"留得无边在"，低回之，玩味之，点化成了音乐。于是夕照中要有归鸦。"众鸟欣有托，吾亦爱吾庐。"（陶渊明诗）我们从无边世界回到万物，回到自己，回到我们的"宇"。"天地入吾庐"，也是古人的诗句。但我们却又从"枕上见千里，窗中窥万室"（王维诗句），神游太虚，超鸿蒙，以观万物之浩浩流衍，这才是沈括所说的"以大观小"！

清代布颜图在他的《画学心法问答》里一段话说得好：

> 问布置之法。曰：所谓布置者，布置山川也。宇宙之间，惟山川为大。始于鸿蒙，而备于大地。人莫究其所以然。但拘拘于石法树法之间，求长觅巧，其为技也，不亦卑乎？制大物必用大器，故学之者当心期于大。必先有一段海阔天空之见，存于有迹之内，而求于无迹之先。无迹者鸿蒙也，有迹者大地也。有斯大地而后有斯山川，有斯山川而后有斯草木，有斯草木而后鸟兽生焉，黎庶

居焉。斯固定理昭昭也。今之学者……必须意在笔先，铺成大地，创造山川。其远近高卑，曲折深浅，皆令各得其势而不背，则格制定矣。

又说：

学经营位置而难于下笔，以素纸为大地，以炭朽为鸿钧，以主宰为造物，用心目经营之，谛视良久，则纸上生情，山川恍惚，即用炭朽钩取之，转视则不复得矣！……此《易》之所谓寂然不动感而遂通者此也。

这是我们先民的创造气象！对于现代的中国人，我们的山川大地不仍是一片音乐的和谐吗？我们的胸襟不应当仍是古画家所说的"海阔凭鱼跃，天高任鸟飞"吗？我们不能以大地为素纸，以学艺为鸿钧，以良知为主宰，创造我们的新生活、新世界吗？

本文写于南京大疏散声中，1949年3月15日写毕
（原载《新中华》第十二卷第十期，1949年5月16日出版）

哲学与艺术
——希腊大哲学家的艺术理论

一 形式与心灵表现

艺术有形式的结构,如数量的比例(建筑)、色彩的和谐(绘画)、音律的节奏(音乐),使平凡的现实超入美境。但这形式里面也同时深深地启示了精神的意义、生命的境界、心灵的幽韵。

艺术家往往倾向于形式为艺术的基本,因为他们的使命是将生命表现于形式之中。而哲学家则往往静观领略艺术品里心灵的启示,以精神与生命的表现为艺术的价值。

希腊艺术理论的开始就分这两派不同的倾向。色诺芬(Xenophon)在他的回忆录中记述苏格拉底(Socrates)曾经一次与大雕刻家克莱东(Kleiton)的谈话,后人推测就是指波里克勒(Polycrate)。当这位大艺术家说出"美"是基于数与量的比例时,这位哲学家就很怀疑地问道:"艺术的任务恐怕还是在表现出心灵的内容罢?"苏格拉底又希望从画家拔哈希和斯(Parrhasios)知道艺术家用何手段能将这有趣的、窈窕的、温柔的、可爱的心灵神韵表现出来。苏格拉底所重视的是艺术的精神内涵。

但希腊的哲学家未尝没有以艺术家的观点来看这宇宙的。宇宙(Cosmos)这个名词在希腊就包含着"和谐、数量、秩序"等意义。毕达哥拉斯(希腊大哲)以"数"为宇宙的原理。当他发现音之高度与弦之长度成为整齐的比例时,他将何等惊奇感动,觉着宇宙的秘密已在面前呈露:一面是"数"的永久定律,一面即是至美和谐的音乐。弦上的节奏即是那横贯全部宇宙之和谐的象征!美即是数,数即是宇宙的中心结构,艺术家是探乎于宇宙的秘密的!

但音乐不只是数的形式的构造,也同时深深地表现了人类心灵最深最秘处的情调与律动。音乐对于人心的和谐、行为的节奏,极有影响。苏格拉底是个人生哲学者,在他是人生伦理的问题比宇宙本体问题还更重要。所以他看艺术的内容比形式尤为要紧。而西洋美学中形式主义与内容主义的争执,人生艺术与唯美艺术的分歧,已经从此开始。但我们看来,音乐是形式的和谐,也是心灵的律动,一镜的两面是不能分开的。心灵必须表现于形式之中,而形式必须是心灵的节奏,就同大宇宙的秩序定律与生命之流动演进不相违背,而同为一体一样。

二　原始美与艺术创造

艺术不只是和谐的形式与心灵的表现，还有自然景物的描摹。"景""情""形"是艺术的三层结构。毕达哥拉斯以宇宙的本体为纯粹数的秩序，而艺术如音乐是同样地以"数的比例"为基础，因此艺术的地位很高。苏格拉底以艺术有心灵的影响而承认它的人生价值。而大哲柏拉图则因艺术是描摹自然影像而贬斥之。他以为纯粹的美或"原始的美"是居住于纯粹形式的世界，就是万象之永久型范，所谓观念世界。美是属于宇宙本体的。（这一点上与毕达哥拉斯同义。）真、善、美是居住在一处。但它们的处所是超越的、抽象的、纯精神性的。只有从感官世界解脱了的纯洁心灵才能接触它。我们感官所经验的自然现象，是这真实世界的影像。艺术是描摹这些偶然的变幻的影子，它的材料是感官界的物质，它的作用是感官的刺激。所以艺术不唯不能引着我们达到真理，止于至善，且是一种极大的障碍与蒙蔽。它是真理的"走形"，真实的"曲影"。柏拉图根据他这种形而上学的观点贬斥艺术的价值，推崇"原始美"。我们设若要挽救艺术的价值与地位，也只有证明艺术不是专造幻象以娱人耳目。它反而是宇宙万物真相的阐明、人生意义的启示。证明它所表现的正是世界的真实的形象，然后艺术才有它的庄严、有它的伟大使命。不是市场上贸易肉感的货物,如柏拉图所轻视所排斥的。(柏氏以后的艺术理论是走的这条路。)

三 艺术家在社会上的地位

柏拉图这样看轻艺术,贱视艺术家,甚至要把他们排斥于他的理想共和国之外,而柏拉图自己在他的语录文章里却表示了他是一位大诗人,他对于大宇宙的美是极其了解,极热烈地崇拜的。另一方面我们看见希腊的伟大雕刻与建筑确是表现了最崇高、最华贵、最静穆的美与和谐。真是宇宙和谐的象征,并不仅是感官的刺激,如近代的颓废的艺术。而希腊艺术家会遭这位哲学家如此的轻视,恐怕总有深一层的理由罢!第一点,希腊的哲学是世界上最理性的哲学,它是扫开一切传统的神话——希腊的神话是何等优美与伟大——以寻求纯粹论理的客观真理。它发现了物质元子与数量关系是宇宙构造最合理的解释。(数理的自然科学不产生于中国、印度,而产生于欧洲,除社会条件外,实基于希腊的唯理主义,它的逻辑与几何。)于是那些以神话传说为题材,替迷信作宣传的艺术与艺术家,自然要被那努力寻求清明智慧的哲学家如柏拉图所厌恶了。真理与迷信是不相容的。第二点,希腊的艺术家在社会上的地位,是被上层阶级所看不起的手工艺者、卖艺糊口的劳动者、丑角、说笑者。他们的艺术虽然被人赞美尊重，而他们自己的人格与生活是被人视为丑恶缺憾的（戏子在社会上的地位至今还被人轻视）。希腊文豪留奇安（Lucian）描写雕刻家的命运说："你纵然是个飞达亚斯（Phidias）或波里克勒（希腊两位最大的艺术家），创造许多艺术上的奇迹，但欣赏家如果心地明白，必定只赞美你的作品而不羡慕做你的同类，因你终是一个贱人、手工艺者、职业的劳动者。"原来希腊统治阶级的人生理想是一种和谐、雍容、不事生产的人格，一切职业的劳动者为专门职业所拘束，不能让人格有各方面圆满和谐的成就。何况艺术家在礼教社会里面被认为是一班无正业的堕落者、颓废者，纵酒好色、佯狂玩世的人。（天才与疯狂也是近代心理学感到兴味的问题。）希腊最大诗人荷马（Homer）在他的伟大史诗里描绘了一个光彩灿烂的人生与世界。而他的后世却想象他是盲了目的。赫发斯陀（Hephastos）是希腊神们中间的艺术家的祖宗，但却是最丑的神！

艺术与艺术家在社会上为人重视，须经过三种变化：（一）柏拉图的大弟子亚里士多德的哲学给予艺术以较高的地位。他以为艺术的创造是模仿自然的创造。他认为宇宙的演化是由物质进程形式，就像希腊的雕刻家在一块云石里幻现成人体的形式。所以他的宇宙观已经类似艺术家的。（二）人类轻视职业的观念逐渐改变，尤其将艺术家从匠工的地位提高。希腊末期哲学家普罗亭诺斯（Plotinos）发现神灵的势力于艺术之中，艺术家的创造若有神助。（三）但直到文艺复兴的时代，艺术家才被人尊重为上等人物。而艺术家也须研究希腊学问，解剖学与透视学。学院的艺术家开始产生，艺术家进大学有如一个学者。

但学院里的艺术家离开了他的自然与社会的环境，忽视了原来的手工艺，却不一定是艺术创作上的幸福。何况学院主义（Academism）往往是没有真生命、真气魄的，往往是形式主义的。真正的艺术生活是要与大自然的造化默契，又要与造化争强的生活。文艺复兴的大艺术家也参加政治的斗争。现实生活的体验才是艺术灵感的源泉。

四　中庸与净化

宇宙是无尽的生命、丰富的动力，但它同时也是严整的秩序、圆满的和谐。在这宁静和雅的天地中生活着的人们却在他们的心胸里汹涌着情感的风浪、意欲的波涛。但是人生若欲完成自己，止于至善，实现他的人格，则当以宇宙为模范，求生活中的秩序与和谐。和谐与秩序是宇宙的美，也是人生美的基础。达到这种美的道路，在亚里士多德看来就是"执中""中庸"。但是中庸之道并不是庸俗一流，并不是依违两可、苟且的折中。乃是一种不偏不倚的毅力、综合的意志，力求取法乎上、圆满地实现个性中的一切而得和谐。所以中庸是"善的极峰"，而不是善与恶的中间物。大勇是怯弱与狂暴的执中，但它宁愿近于狂暴，不愿近于怯弱。青年人血气方刚，偏于粗暴。老年人过分考虑，偏于退缩。中年力盛时的刚健而温雅方是中庸。它的以前是生命的前奏，它的以后是生命的尾声，此时才是生命丰满的音乐。这个时期的人生才是美的人生，是生命美的所在。希腊人看人生不似近代人看作演进的、发展的、向前追求的、一个戏本中的主角滚在生活的旋涡里，奔赴他的命运。希腊戏本中的主角是个发达在最强盛时期的、轮廓清楚的人格，处在一种生平唯一次的伟大动作中。他像一座希腊的雕刻。他是一切都了解，一切都不怕，他已经奋斗过许多死的危险。现在他是态度安详不矜不惧地应付一切。这种刚健清明的美是亚里士多德的美的理想。美是丰富的生命在和谐的形式中。美的人生是极强烈的情操在更强毅的善的意志统率之下。在和谐的秩序里面是极度的紧张，回旋着力量，满而不溢。希腊的雕像、希腊的建筑、希腊的诗歌以至希腊的人生与哲学不都是这样？这才是真正的有力的"古典的美"！

　　美是调解矛盾以超入和谐，所以美术对于人类的情感冲动有"净化"（Katharsis）的作用。一幕悲剧能引着我们走进强烈矛盾的情绪里，使我们在幻境的同情中深深体验日常生活所不易经历到的情境，而剧中英雄因殉情而宁愿趋于毁灭，使我们从情感的通俗化中感到超脱解放，重尝人生深刻的意味。全剧的结果——英雄在挣扎中殉情的毁灭——有如阴霾沉郁后的暴雨淋漓，反使我们痛快地重睹青天朗日。空气干净了，大地新鲜了，我们的心胸从沉重压迫的冲突中恢复了光明愉快的超脱。

亚里士多德的悲剧论从心理经验的立场研究艺术的影响，不能不说是美学理论上的一大进步，虽然他所根据的心理经验是日常的。他能注意到艺术在人生上净化人格的效用，将艺术的地位从柏拉图的轻视中提高，使艺术从此成为美学的主要对象。

五　艺术与模仿自然

一个艺术品里形式的结构，如点、线之神秘的组织，色彩或音韵之奇妙的谐和，与生命情绪的表现交融组合成一个"境界"。每一座巍峨崇高的建筑里是表现一个"境界"，每一曲悠扬清妙的音乐里也启示一个"境界"。虽然建筑与音乐是抽象的形或音的组合，不含有自然真景的描绘。但图画雕刻，诗歌小说戏剧里的"境界"则往往寄托在景物的幻现里面。模范人体的雕刻，写景如画的荷马史诗是希腊最伟大最中心的艺术创造，所以柏拉图与亚里士多德两位希腊哲学家都说模仿自然是艺术的本质。

但两位对"模仿自然"的解释并不全同，因此对艺术的价值与地位的意见也两样。柏拉图认为人类感官所接触的自然乃是"观念世界"的幻影，艺术又是描摹这幻影世界的幻影，所以在求真理的哲学立场上看来是毫无价值、徒乱人意、刺激肉感。亚里士多德的意见则不同。他看这自然界现象不是幻影，而是一个个生命的形体。所以模仿它、表现它，是种有价值的事，可以增进知识而表示技能。亚里士多德的模仿论确是有他当时经验的基础。希腊的雕刻、绘画，如中国古代的艺术原本是写实的作品。它们生动如真的表现，流传下许多神话传说。米龙（Myron）雕刻的牛，引动了一个活狮子向它跃搏，一只小牛要向它吸乳，一个牛群要随着它走，一位牧童遥望掷石击之，想叫它走开，一个偷儿想顺手牵去。啊，米龙自己也几乎误认它是自己牛群里的一头！

希腊的艺术传说中赞美一件作品大半是这样的口吻。（中国何尝不是这样？）艺术以写物生动如真为贵。再述一个关于画家的传说。有两位大画家竞赛。一位画了一枝葡萄，这样的真实，引起飞鸟来啄它。但另一位走来在画上加绘了一层纱幕盖上，以致前画家回来看见时伸手欲将它揭去。（中国传说中东吴画家曹不兴尝为孙权画屏风，误发笔点素，因就以作蝇，既而进呈御览，孙权以为是生蝇，举手弹之。）这种写幻如真的技术是当时艺术所推重。亚里士多德根据这种事实说艺术是模仿自然，也不足怪了。何况人类本有模仿冲动，而难能可贵的写实技术也是使人惊奇爱慕的呢。

但亚里士多德的学说不以此篇为满足。他不仅是研究"怎样的模仿"，他还要研究模仿的对象。艺术可就三方面来观察：（一）艺术品制作的材料，如木、石、音、字等；（二）艺术表现的方式，即如何描写模仿；（三）艺术描写的对象。但艺术的理想当然是用最适当的材料，在最适当的方式中，描摹最美的对象。所以艺术的过程终归是形式化，是一种造型。就是大自然的万物也是由物质材料创化千形万态的生命形体。艺术的创造是"模仿自然创造的过程"（即物质的形式化）。艺术家是个小造物主，艺术品是个小宇宙。它的内部是真理，就同宇宙的内部是真理一样。所以亚里士多德有一句很奇异的话："诗是比历史更哲学的。"这就是说诗歌比历史学的记载更近于真理。因为诗是表现人生普遍的情绪与意义，史是记述个别的事实；诗所描述的是人生情理中的必然性，历史是叙述时空中事态的偶然性。文艺的事是要能在一件人生个别的姿态行动中，深深地表露出人心的普遍定律。（比心理学更深一层更为真实的启示。莎士比亚是最大的人心认识者。）艺术的模仿不是徘徊于自然的外表，乃是深深透入真实的必然性。所以艺术最邻近于哲学，它是达到真理表现真理的另一道路，它使真理披了一件美丽的外衣。

艺术家对于人生对于宇宙因有着最虔诚的"爱"与"敬"，从情感的体验发现真理与价值，如古代大宗教家、大哲学家一样，而与近代由于应付自然、利用自然，而研究分析自然之科学知识根本不同。一则以庄严敬爱为基础，一则以权力意志为基础。柏拉图虽阐明真知由"爱"而获证入！但未注意伟大的艺术是在感官直觉的现量境中领悟人生与宇宙的真境，再借感觉界的对象表现这种真实。但感觉的境界欲作真理的启示须经过形式的组织，否则是一堆零乱无系统的印象（科学知识亦复如是）。艺术的境界是感官的，也是形式的。形式的初步是"复杂中的统一"。所以亚里士多德已经谈到这个问题。艺术是感官对象。但普通的日常实际生活中感觉的对象是一个个与人发生交涉的物体，是刺激人欲望心的物体。然而艺术是要人静观领略，不生欲心的。所以艺术品须能超脱实用关系之上，自成一形式的境界，自织成一个超然自在的有机体。如一曲音乐缥缈于空际，不落尘网。这个艺术的有机体对外是一独立的"统一形式"，在内是"力的回旋"，丰富复杂的生命表现。于是艺术在人生中自成一世界，自有其组织与启示，与科学哲学等并立而无愧。

六　艺术与艺术家

艺术与艺术家在人生与宇宙间的地位因亚里士多德的学说而提高了。飞达亚斯雕刻宙斯（Zeus）神像，是由心灵里创造理想的神境，不是模仿刻画一个自然的物象。艺术之创造是艺术家由情绪的全人格中发现超越的真理真境，然后在艺术的神奇的形式中表现这种真实。不是追逐幻影，娱人耳目。这个思想是自圣奥古斯丁（Aurelius Augustinus）、斐奇路斯（Marsilio Ficinus）、卜罗洛（Giordano Bruno）、歇福斯卜莱（Anthony Ashley Cooper Shaftesbury）、温克尔曼（Johann Winckelmann）等等以来认为近代美学上共同的见解了。但柏拉图轻视艺术的理论，在希腊的思想界确有权威。希腊末期的哲学家普罗亭诺斯就是徘徊在这两种不同的见解中间。他也像柏拉图以为真、美是绝对地、超越地存在于无迹的真界中，艺术家必须能超拔自己观照到这超越形相的真、美，然后才能在个别的具体的艺术作品中表现得真、美的幻影。艺术与这真、美境界是隔离得很远的。真、美，譬如光线；艺术，譬如物体，距光愈远得光愈少。所以大艺术家最高的境界是他直接在宇宙中观照得超越形相的美。这时他才是真正的艺术家，尽管他不创造艺术品。他所创造的艺术不过是这真、美境界的余辉映影而已。所以我们欣赏艺术的目的也就是从这艺术品的兴感渡入真、美的观照。艺术品仅是一座桥梁,而大艺术家自己固无需乎此。宇宙真、美的音乐直接趋赴他的心灵。因为他的心灵是美的。普罗亭诺斯说:"没有眼睛能看见日光,假使它不是日光性的。没有心灵能看见美,假使他自己不是美的。你若想观照神与美,先要你自己似神而美。"

(原载《新中华》创刊号,1933年1月出版)

论《世说新语》和晋人的美

作者识：这篇小文曾发表于正月《星期评论》第十期。当时匆匆交稿，还有一些未尽的意思。现将原文各段重加增订，主要的是添了一节"晋人的道德观和礼法观"，篇幅较原稿增一倍以上，似较原稿能得一完整的印象。魏晋六朝的中国，在史书上向来处于劣势地位。鄙人此论希望给予一新的评价。秦汉以来，一种广泛的"乡愿主义"支配着中国精神和文坛已两千年。这次抗战中所表现的伟大热情和英雄主义，当能替民族灵魂一新面目。在精神生活上发扬人格的真解放，真道德，以启发民众创造的心灵，朴俭的感情，建立深厚高阔、强健自由的生活，是这篇小文的用意。环视全世界，只有抗战中的中国民族精神是自由而美的了！

汉末魏晋六朝是中国政治上最混乱、社会上最苦痛的时代，然而却是精神史上极自由、极解放，最富于智慧、最浓于热情的一个时代。因此，也就是最富有艺术精神的一个时代。王羲之父子的字，顾恺之和陆探微的画，戴逵和戴颙的雕塑，嵇康的《广陵散》（琴曲），曹植、阮籍、陶潜、谢灵运、鲍照、谢朓的诗，郦道元、杨衒之的写景文，云冈、龙门壮伟的造像，洛阳和南朝的闳丽的寺院，无不是光芒万丈，前无古人，奠定了后代文学艺术的根基与趋向。

这个时代以前——汉代，在艺术上过于质朴，在思想上定于一尊，统治于儒教；这个时代以后——唐代，在艺术上过于成熟，在思想上又入于儒、佛、道三教的支配。只有这几百年间是精神上的大解放，人格上、思想上的大自由。人心里面的美与丑、高贵与残忍、圣洁与恶魔，同样发挥到了极致。这也是中国周秦诸子以后第二度的哲学时代，一些卓超的哲学天才——佛教的大师，也是生在这个时代。

这是中国人生活史里点缀着最多的悲剧，富于命运的罗曼司的一个时期，八王之乱、五胡乱华、南北朝分裂，酿成社会秩序的大解体，旧礼教的总崩溃、思想和信仰的自由、艺术创造精神的勃发，使我们联想到西欧十六世纪的文艺复兴。这是强烈、矛盾、热情、浓于生命彩色的一个时代。

但是西洋文艺复兴的艺术（建筑、绘画、雕刻）所表现的美，是浓郁的、华贵的、壮硕的；魏晋人则倾向简约玄澹、超然绝俗的哲学的美，晋人的书法是这美的最具体的表现。

这晋人的美，是这全时代的最高峰。《世说新语》一书记述得挺生动，能以简劲的笔墨画出它的精神面貌、若干人物的性格、时代的色彩和空气。文笔的简约玄澹尤能传神。撰述人刘义庆生于晋末，注释者刘孝标也是梁人；当时晋人的流风余韵犹未泯灭，所述的内容，至少在精神的传模方面，离真相不远（唐修《晋书》也多取材于它）。

要研究中国人的美感和艺术精神的特性，《世说新语》一书里有不少重要的资料和启示，是不可忽略的。今就个人读书札记粗略举出数点，以供读者参考，详细而有系统的发挥，则有待于将来。

（一）魏晋人生活上、人格上的自然主义和个性主义，解脱了汉代儒教统治下的礼法束缚，在政治上先已表现于曹操那种超道德观念的用人标准。一般知识分子多半超脱礼法观念直接欣赏人格个性之美，尊重个性价值。桓温问殷浩曰："卿何如我？"殷答曰："我与我周旋久，宁作我！"这种自我价值的发现和肯定，在西洋是文艺复兴以来的事。而《世说新语》上第六篇《雅量》、第七篇《识鉴》、第八篇《赏誉》、第九篇《品藻》、第十四篇《容止》，都系鉴赏和形容"人格个性之美"的。而美学上的评赏，所谓"品藻"的对象乃在"人物"。中国美学竟是出发于"人物品藻"之美学。美的概念、范畴、形容词，发源于对人格美的评赏。"君子比德于玉"，中国人对于人格美的爱赏渊源极早，而品藻人物的空气，已盛行于汉末。到"世说新语时代"则登峰造极了（《世说》载："温太真是过江第二流之高者。时名辈共说人物，第一将尽之间，温常失色。"即此可见当时人物品藻在社会上的势力）。

中国艺术和文学批评的名著，谢赫的《画品》，庾肩吾的《书品》，钟嵘的《诗品》，刘勰的《文心雕龙》，都产生在这热闹的品藻人物的空气中。后来唐代司空图的《二十四诗品》，乃集我国美感范畴之大成。

（二）山水美的发现和晋人的艺术心灵。《世说》载东晋画家顾恺之从会稽还，人问山水之美，顾云："千岩竞秀，万壑争流，草木蒙笼其上，若云兴霞蔚。"这几句话不是后来五代、北宋荆（浩）、关（仝）、董（源）、巨（然）等山水画境界的绝妙写照吗？中国伟大的山水画的意境，已包具于晋人对自然美的发现中了！而《世说》载简文帝入华林园，顾谓左右曰："会心处不必在远，翳然林水，便自有濠濮间想也。觉鸟兽禽鱼，自来亲人。"这不又是元人山水花鸟小幅，黄大痴、倪云林、钱舜举、王若水的画境吗?(中国南宗画派的精意在于表现一种潇洒胸襟,这也是晋人的流风余韵。)

晋宋人欣赏山水,由实入虚,即实即虚,超入玄境。当时画家宗炳云:"山水质有而趣灵。"诗人陶渊明有"采菊东篱下,悠然见南山","此中有真意,欲辨已忘言";谢灵运有"溟涨无端倪,虚舟有超越";以及袁彦伯的"江山辽落,居然有万里之势"。王右军与谢太傅共登冶城,谢悠然远想,有高世之志。荀中郎登北固望海云:"虽未睹三山,便自使人有凌云意。"晋宋人欣赏自然,有"目送归鸿,手挥五弦"的超然玄远的意趣。这使中国山水画自始即是一种"意境中的山水"。宗炳画所游山水悬于室中,对之云:"抚琴动操,欲令众山皆响!"郭景纯有诗句曰:"林无静树,川无停流。"阮孚评之云:"泓峥萧瑟,实不可言。每读此文,辄觉神超形越。"这玄远幽深的哲学意味深透在当时人的美感和自然欣赏中。

晋人以虚灵的胸襟、玄学的意味体会自然,乃能表里澄澈,一片空明,建立最高的晶莹的美的意境!司空图《诗品》里曾形容艺术心灵为"空潭泻春,古镜照神",此境晋人有之:

> 王逸少(羲之)云:"山阴道上行,如在镜中游。"

心情的澄朗，使山川影映在光明净体中！

> 王司州（修龄）至吴兴印渚中看，叹曰："非唯使人情开涤，亦觉日月清朗！"

> 司马太傅（道子）斋中夜坐，于时天月明净，都无纤翳，太傅叹以为佳。谢景重在坐，答曰："意谓乃不如微云点缀。"太傅因戏谢曰："卿居心不净，乃复强欲滓秽太清邪？"

这样高洁爱赏自然的胸襟，才能够在中国山水画的演进中像元人倪云林那样"洗尽尘滓，独存孤迥"，"潜移造化而与天游"，"乘云御风，以游于尘埃之外"（皆恽南田评倪画语），创立一个玉洁冰清，宇宙般幽深的山水灵境。晋人的美的理想，很可以注意的，是显著地追慕着光明鲜洁、晶莹发亮的意象。他们赞赏人格美的形容词像"濯濯如春月柳""轩轩如朝霞举""清风朗月""玉山""玉树""磊砢而英多""爽朗清举"，都是一片光亮意象。甚至于殷仲堪死后，殷仲文称他"虽不能休明一世，足以映彻九泉"。形容自然界的如"清露晨流，新桐初引"。形容建筑的如"遥望层城，丹楼如霞"。庄子的理想人格"藐姑射仙人"，"肌肤若冰雪，绰约若处子"，不是这晋人的美的意象的源泉吗？

桓温谓谢尚"企脚北窗下，弹琵琶，故自有天际真人想"。天际真人是晋人理想的人格，也是理想的美。

晋人风神潇洒，不滞于物，这优美的自由的心灵找到一种最适宜于表现他们自己的艺术，这就是书法中的行草。行草艺术纯系一片神机，无法而有法，全在于下笔时点画自如，一点一拂皆有情趣，从头至尾，一气呵成，如天马行空，游行自在。又如庖丁之中肯綮，神行于虚。这种超妙的艺术，只有晋人萧散超脱的心灵，才能心手相应，登峰造极。魏晋书法的特色，是能尽各字的真态。"元常每点多异，羲之万字不同。""结字晋人用理……用理则从心所欲不逾矩。"唐张怀瓘《书议》评王献之书云："子敬之法，非草非行，流便于行草；又处其中间，无藉因循，宁拘制则，挺然秀出，务于简易。情驰神纵，超逸优游，临事制宜，从意适便。有若风行雨散，润色开花，笔法体势之中，最为风流者也！逸少秉真行之要，子敬执行草之权，父之灵和，子之神俊，皆古今之独绝也。"他这一段话不但传出行草艺术的真精神，且将晋人这自由潇洒的艺术人格形容尽致。中国独有的美术书法——这书法也是中国绘画艺术的灵魂——是从晋人的风韵中产生的。魏晋的玄学使晋人得到空前绝后的精神解放，晋人的书法是这自由的精神人格最具体最适当的艺术表现。这抽象的音乐似的艺术才能表达出晋人的空灵的玄学精神和个性主义的自我价值。欧阳修云：“余尝喜览魏、晋以来笔墨遗迹，而想前人之高致也！所谓法帖者，其事率皆吊哀候病，叙睽离，通讯问，施于家人朋友之间，不过数行而已。盖其初非用意，而逸笔余兴，淋漓挥洒，或妍或丑，百态横生，披卷发函，烂然在目，使人骤见惊绝，徐而视之，其意态愈无穷尽，故使后世得之，以为奇玩，而想见其人也！”个性价值之发现，是"世说新语时代"的最大贡献，而晋人的书法是这个性主义的代表艺术。到了隋唐，晋人书艺中的"神理"凝成了"法"，于是"智永精熟过人，惜无奇态矣"。

（三）晋人艺术境界造诣的高，不仅是基于他们的意趣超越，深入玄境，尊重个性，生机活泼，更主要的还是他们的"一往情深"！无论对于自然，对探求哲理，对于友谊，都有可述：

> 王子敬云："从山阴道上行，山川自相映发，使人应接不暇。若秋冬之际，尤难为怀。"

好一个"秋冬之际，尤难为怀"！

> 卫玠总角时，问乐令"梦"。乐云："是想。"卫曰："形神所不接而梦，岂是想邪？"乐云："因也。未尝梦乘车入鼠穴，捣齑啖铁杵，皆无想无

因故也。"卫思"因",经日不得,遂成病。乐闻,故命驾为剖析之。卫既小差。乐叹曰:"此儿胸中,当必无膏肓之疾!"

卫玠姿容极美,风度翩翩,而因思索玄理不得,竟至成病,这不是柏拉图所说的富有"爱智的热情"吗?

晋人虽超,未能忘情,所谓"情之所钟,正在我辈"(王衍语)!是哀乐过人,不同流俗。尤以对于朋友之爱,里面富有人格美的倾慕。《世说》中《伤逝》一篇记述颇为动人。庾亮死,何扬州临葬云:"埋玉树着土中,使人情何能已已!"伤逝中犹具悼惜美之幻灭的意思。

顾长康拜桓宣武墓,作诗云:"山崩溟海竭,鱼鸟将何依?"人问之曰:"卿凭重桓乃尔,哭之状其可见乎?"顾曰:"鼻如广莫长风,眼如悬河决溜!"

顾彦先平生好琴,及丧,家人常以琴置灵床上,张季鹰往哭之,不胜其恸,遂径上床,鼓琴,作数曲竟,抚琴曰:"顾彦先颇复赏此不?"因又大恸,遂不执孝子手而出。

> 桓子野每闻清歌，辄唤奈何，谢公闻之，曰："子野可谓一往有深情。"

> 王长史登茅山，大恸哭曰："琅邪王伯舆，终当为情死！"

> 阮籍时率意独驾，不由径路，车迹所穷，辄痛哭而返。

深于情者，不仅对宇宙人生体会到至深的无名的哀感，扩而充之，可以成为耶稣、释迦的悲天悯人；就是快乐的体验也是深入肺腑，惊心动魄；浅俗薄情的人，不仅不能深哀，且不知所谓真乐：

> 王右军既去官，与东土人士营山水弋钓之娱……游东中诸郡名山，泛沧海，叹曰："我卒当以乐死！"

晋人富于这种宇宙的深情，所以在艺术文学上有那样不可企及的成就。顾恺之有三绝：画绝、才绝、痴绝。其痴尤不可及！陶渊明的纯厚天真与侠情，也是后人不能到处。

晋人向外发现了自然，向内发现了自己的深情。山水虚灵化了，也情致化了。陶渊明、谢灵运这般人的山水诗那样的好，是由于他们对于自然有那一股新鲜发现时身入化境浓酣忘我的趣味；他们随手写来，都成妙谛，境与神会，真气扑人。谢灵运的"池塘生春草"也只是新鲜自然而已。然而扩而大之，体而深之，就能构成一种泛神论宇宙观，作为艺术文学的基础。孙绰《天台山赋》云："恣语乐以终日，等寂默于不言，浑万象以冥观，兀同体于自然。"又云："游览既周，体静心闲，害马已去，世事都捐，投刃皆虚，目牛无全，凝思幽岩，朗咏长川。"在这种深厚的自然体验下，产生了王羲之的《兰亭序》，鲍照《登大雷岸与妹书》，陶宏景、吴均的叙景短札，郦道元的《水经注》。这些都是最优美的写景文学。

（四）我说魏晋时代人的精神是最哲学的，因为是最解放的、最自由的。支道林好鹤，住剡东岇山，有人遗其双鹤。少时翅长欲飞。支意惜之，乃铩其翮。鹤轩翥不复能飞，乃反顾翅垂头，视之如有懊丧意。林曰："既有凌霄之姿，何肯为人作耳目近玩！"养令翮成，置使飞去。晋人酷爱自己精神的自由，才能推己及物，有这意义伟大的动作。这种精神上的真自由、真解放，才能使我们的胸襟像一朵花似的展开，接受宇宙和人生的全景，了解它们的意义，体会它们的深沉的境地。近代哲学上所谓"生命情调""宇宙意识"，遂在晋人这超脱的胸襟里萌芽起来（使这时代容易接受和了解佛教大乘思想)。卫玠初欲渡江,形神惨悴,语左右曰:"见此芒芒,不觉百端交集,苟未免有情,亦复谁能遣此!"后来初唐陈子昂《登幽州台歌》:"前不见古人,后不见来者。念天地之悠悠,独怆然而涕下!"不是从这里脱化出来?而卫玠的一往情深,更令人心恸神伤,寄慨无穷。(然而孔子在川上,曰:"逝者如斯夫,不舍昼夜!"则觉更哲学、更超然,气象更大。)

> 谢太傅语王右军曰:"中年伤于哀乐,与亲友别,辄作数日恶。"

人到中年才能深切地体会到人生的意义、责任和问题,反省到人生的究竟,所以哀乐之感得以深沉。但丁的《神曲》起始于中年的徘徊歧路,是具有深意的。

> 桓公北征,经金城,见前为琅邪时种柳皆已十围,慨然曰:"木犹如此,人何以堪?"攀枝执条,泫然流泪。

桓温,武人,情致如此!庾子山著《枯树赋》,末尾引桓大司马曰:"昔年种柳,依依汉南;今看摇落,凄怆江潭。树犹如此,人何以堪?"他深感到桓温这话的凄美,把它敷演成一首四言的抒情小诗了。

然而王羲之的《兰亭诗》："仰视碧天际，俯瞰渌水滨。寥阒无涯观，寓目理自陈。大矣造化工，万殊莫不均。群籁虽参差，适我无非新。"真能代表晋人这纯净的胸襟和深厚的感觉所启示的宇宙观。"群籁虽参差，适我无非新"两句尤能写出晋人以新鲜活泼、自由自在的心灵领悟这世界，使触着的一切呈露新的灵魂、新的生命。于是"寓目理自陈"，这理不是机械的陈腐的理，乃是活泼的宇宙生机中所含至深的理。王羲之另有两句诗云："争先非吾事，静照在忘求。""静照"（comtemplation）是一切艺术及审美生活的起点。这里，哲学彻悟的生活和审美生活，源头上是一致的。晋人的文学艺术都浸润着这新鲜活泼的"静照在忘求"和"适我无非新"的哲学精神。大诗人陶渊明的"日暮天无云，春风扇微和""即事多所欣""良辰入奇怀"，写出这丰厚的心灵"触着每秒光阴都成了黄金"。

（五）晋人的"人格的唯美主义"和对友谊的重视，培养成为一种高级社交文化，如"竹林之游""兰亭禊集"等。玄理的辩论和人物的品藻是这社交的主要内容。因此谈吐措词的隽妙，空前绝后。晋人书札和小品文中隽句天成，俯拾即是。陶渊明的诗句和文句的隽妙，也是这"世说新语时代"的产物。陶渊明散文化的诗句又遥遥地影响着宋代散文化的诗派。苏、黄、米、蔡等人们的书法也力追晋人萧散的风致，但总嫌做作夸张，没有晋人的自然。

（六）晋人之美，美在神韵（人称王羲之的字韵高千古）。神韵可说是"事外有远致"，不沾滞于物的自由精神（"目送归鸿，手挥五弦"）。这是一种心灵的美，或哲学的美，这种事外有远致的力量，扩而大之可以使人超然于死生祸福之外，发挥出一种镇定的大无畏的精神来：

> 谢太傅盘桓东山时，与孙兴公诸人泛海戏。风起浪涌，孙（绰）王（羲之）诸人色并遽，便唱使还。太傅神情方王，吟啸不言。舟人以公貌闲意说，犹去不止。既风转急，浪猛，诸人皆喧动不坐。公徐云："如此，将无归。"众人即承响而回。于是审其量，足以镇安朝野。

美之极，即雄强之极。王羲之书法人称其字势雄逸，如龙跳天门，虎卧凤阙。淝水的大捷植根于谢安这美的人格和风度中。谢灵运泛海诗"溟涨无端倪，虚舟有超越"，可以借来体会谢公此时的境界和胸襟。

枕戈待旦的刘琨，横江击楫的祖逖，雄武的桓温，勇于自新的周处、戴渊，都是千载下懔懔有生气的人物。桓温过王敦墓，叹曰："可儿！可儿！"心焉向往那豪迈雄强的个性，不拘泥于世俗观念，而赞赏"力"，力就是美。

庾道季说:"廉颇、蔺相如虽千载上死人,懔懔恒如有生气。曹蜍、李志虽见在,厌厌如九泉下人。人皆如此,便可结绳而治,但恐狐狸獬狳啖尽!"这话何其豪迈、沉痛。晋人崇尚活泼生气,蔑视世俗社会中的伪君子、乡愿、战国以后二千年来中国的"社会栋梁"。

(七)晋人的美学是"人物品藻",引例如下:

王武子、孙子荆各言其土地人物之美。王云:"其地坦而平,其水淡而清,其人廉且贞。"孙云:"其山崔巍以嵯峨,其水㳘渫而扬波,其人磊砢而英多。"

桓大司马(温)病,谢公往省病,从东门入,桓公遥望叹曰:"吾门中久不见如此人!"

嵇康身长七尺八寸,风姿特秀,见者叹曰:"萧萧肃肃,爽朗清举。"或云:"肃肃如松下风,高而徐引。"山公曰:"嵇叔夜之为人也,岩岩若孤松之独立,其醉也,傀俄若玉山之将崩!"

海西时,诸公每朝,朝堂犹暗,唯会稽王来,轩轩如朝霞举。

> 谢太傅问诸子侄："子弟亦何预人事，而正欲使其佳？"诸人莫有言者。车骑（谢玄）答曰："譬如芝兰玉树，欲使其生于阶庭耳。"

> 有人叹王恭形茂者，云："濯濯如春月柳。"

> 刘尹云："清风朗月，辄思玄度。"

拿自然界的美来形容人物品格的美，例子举不胜举。这两方面的美——自然美和人格美——同时被魏晋人发现。人格美的推重已滥觞于汉末，上溯至孔子及儒家的重视人格及其气象。"世说新语时代"尤沉醉于人物的容貌、器识、肉体与精神的美。所以"看杀卫玠"，而王羲之——他自己被时人目为"飘如游云，矫如惊龙"——见杜弘治叹曰："面如凝脂，眼如点漆，此神仙中人也！"

而女子谢道韫亦神情散朗，奕奕有林下风。根本《世说》里面的女性多矫矫脱俗，无脂粉气。

总而言之，这是中国历史上最有生气，活泼爱美，美的成就极高的一个时代。美的力量是不可抵抗的，见下一段故事：

> 桓宣武平蜀，以李势妹为妾，甚有宠，常着

斋后。主（温尚明帝女南康长公主）始不知，既闻，与数十婢拔白刃袭之。正值李梳头，发委藉地，肤色玉曜，不为动容，徐曰："国破家亡，无心至此，今日若能见杀，乃是本怀！"主惭而退。（《妒记》曰："温平蜀，以李势女为妾，郡主凶妒……乃拔刃往李所……见李在窗梳头……徐徐结发，敛手向主，神色闲正，辞甚凄惋。主于是掷刀前抱之曰：'阿子，我见汝亦怜，何况老奴。'遂善之。"）

话虽如此，晋人的美感和艺术观，就大体而言，是以老庄哲学的宇宙观为基础，富于简淡、玄远的意味，因而奠定了一千五百年来中国美感——尤以表现于山水画、山水诗的基本趋向。

中国山水画的独立，起源于晋末。晋宋山水画的创作，自始即具有"澄怀观道"的意趣。画家宗炳好山水，凡所游历，皆图之于壁，坐卧向之，曰："老病俱至，名山恐难遍游，唯当澄怀观道，卧以游之。"他又说："圣人含道应物，贤者澄怀味像……圣人以神法道而贤者通，山水以形媚道而仁者乐。"他这所谓"道"，就是这宇宙里最幽深最玄远却又弥纶万物的生命本体。东晋大画家顾恺之也说绘画的手段和目的是"迁想妙得"。这"妙得"的对象也即是那深远的生命,那"道"。

中国绘画艺术的重心——山水画,开端就富于这玄学意味(晋人的书法也是这玄学精神的艺术),它影响着一千五百年,使中国绘画在世界上成一独立的体系。

他们的艺术的理想和美的条件是一味绝俗。庾道季见戴安道所画行像,谓之曰:"神明太俗,由卿世情未尽!"以戴安道之高,还说是世情未尽,无怪他气得回答说:"唯务光当免卿此语耳!"

然而也足见当时美的标准树立得很严格,这标准也就一直是后来中国文艺批评的标准:"雅""绝俗"。

这唯美的人生态度还表现于两点,一是把玩"现在",在刹那的现量的生活里求极量的丰富和充实,不为着将来或过去而放弃现在价值的体味和创造。

> 王子猷尝暂寄人空宅住,便令种竹。或问:"暂住何烦尔?"王啸咏良久,直指竹曰:"何可一日无此君!"

二则美的价值是寄于过程的本身,不在于外在的目的,所谓"无所为而为"的态度。

> 王子猷居山阴,夜大雪,眠觉,开室命酌酒,

四望皎然。因起彷徨，咏左思《招隐》诗。忽忆戴安道，时戴在剡，即便乘小船就之。经宿方至，造门不前而返。人问其故，王曰："吾本乘兴而行，兴尽而返，何必见戴？"

这截然地寄兴趣于生活过程的本身价值而不拘泥于目的，显示了晋人唯美生活的典型。

（八）晋人的道德观和礼法观。孔子是中国二千年礼法社会和道德体系的建设者。创造一个道德体系的人，也就是真正能了解这道德的意义的人。孔子知道道德的精神在于诚，在于真性情、真血性，所谓赤子之心，扩而充之，就是所谓"仁"。一切的礼法，只是它托寄的外表。舍本执末，丧失了道德和礼法的真精神、真意义，甚至于假借名义以便其私，那就是"乡愿"，那就是"小人之儒"。这是孔子所深恶痛绝的。孔子曰："乡愿，德之贼也。"又曰："女为君子儒，无为小人儒！"他更时常警告人们不要忘掉礼法的真精神、真意义。他说："人而不仁如礼何？人而不仁如乐何？"子于是日哭，则不歌。食于丧者之侧，未尝饱也。这伟大的真挚的同情心是他的道德的基础。他痛恶虚伪。他骂："巧言令色鲜矣仁！"他骂："礼云礼云，玉帛云乎哉！"然而孔子死后，汉代以来，孔子所深恶痛绝的乡愿支配着中国社会，成为"社会栋梁"，把孔子至大至刚、极高明的中庸之道化成弥漫社会的庸俗主义、妥协主义、折中主义、苟安主义。孔子好像预感到这一点,他所以极力赞美狂狷而排斥乡愿。他自己也能超然于礼法之表追寻活泼的真实的丰富的人生。他的生活不但"依于仁",还要"游于艺"。他对于音乐有最深的了解并有过最美妙、最简洁而真切的形容。他说:

> 乐,其可知也!始作,翕如也。从之,纯如也。皦如也。绎如也。以成。

他欣赏自然的美,他说:"仁者乐山,智者乐水。"

他有一天问他几个弟子的志趣。子路、冉有、公西华都说过了,轮到曾点。他问道:

> "点,尔何如?"鼓瑟希,铿尔,舍瑟而作,对曰:"异乎三子者之撰!"子曰:"何伤乎?亦各言其志也。"曰:"莫春者,春服既成,冠者五六人,童子六七人,浴乎沂,风乎舞雩,咏而归!"
>
> 夫子喟然叹曰:"吾与点也!"

孔子这超然的、蔼然的、爱美爱自然的生活态度,我们在晋人王羲之的《兰亭序》和陶渊明的田园诗里见到遥遥嗣响的人,汉代的俗儒钻进利禄之途,乡愿满天下。魏晋人以狂狷来反抗这乡愿的社会,反抗这桎梏性灵的礼教和士大夫阶层的庸俗,向自己的真性情、真血性里掘发人生的真精神、真意义。他们不惜拿自己的生命、地位、名誉来冒犯统治阶级的奸雄假借礼教以维持权位的恶势力。曹操拿"违天反道,败伦乱理"的罪名杀孔融。司马昭拿"无益于今,有败于俗""乱群惑众"的罪名杀嵇康。阮籍佯狂了,刘伶纵酒了,他们内心的痛苦可想而知。这是真性情、真血性和这虚伪的礼法社会不肯妥协的悲壮剧。这是一班在文化衰堕时期替人类冒险争取真实人生真实道德的殉道者。他们殉道时何等的勇敢,从容而美丽:

> 嵇中散临刑东市,神气不变,索琴弹之,奏《广陵散》,曲终曰:"袁孝尼尝请学此散,吾靳固不与,《广陵散》于今绝矣!"

以维护伦理自命的曹操枉杀孔融,屠杀到孔融七岁的小女、九岁的小儿,谁是真的"大逆不道"者?

道德的真精神在于"仁",在于"恕",在于人格的优美。《世说》载:

> 阮光禄(裕)在剡,曾有好车,借者无不皆

给。有人葬母，意欲借而不敢言。阮后闻之，叹曰："吾有车而使人不敢借，何以车为？"遂焚之。

这是何等严肃的责己精神！然而不是由于畏人言，畏于礼法的责备，而是由于对自己人格美的重视和伟大同情心的流露。

谢奕作剡令，有一老翁犯法，谢以醇酒罚之，乃至过醉，而犹未已。太傅（谢安）时年七八岁，着青布绔，在兄膝边坐，谏曰："阿兄，老翁可念，何可作此！"奕于是改容，曰："阿奴欲放去耶？"遂遣之。

谢安是东晋风流的主脑人物，然而这天真仁爱的赤子之心实是他伟大人格的根基。这使他忠诚谨慎地支持东晋的危局至于数十年。淝水之役，苻坚发戎卒六十余万、骑二十七万，大举入寇，东晋危在旦夕。谢安指挥若定，遣谢玄等以八万兵一举破之。苻坚风声鹤唳，草木皆兵，仅以身免。这是军事史上空前的战绩，诸葛亮在蜀没有过这样的胜利！

一代枭雄，不怕遗臭万年的桓温，也不缺乏这英雄的博大的同情心：

> 桓公入蜀，至三峡中，部伍中有得猿子者，其母缘岸哀号，行百余里不去，遂跳上船，至便即绝。破视其腹中，肠皆寸寸断。公闻之，怒，命黜其人。

晋人既从性情的直率和胸襟的宽仁建立他们的新生命，摆脱礼法的空虚和顽固，他们的道德教育遂以人格的感化为主。我们看谢安这段动人的故事：

> 谢虎子尝上屋熏鼠。胡儿（虎子之子）既无由知父为此事，闻人道"痴人有作此者"，戏笑之。时道此非复一过。太傅既了己（指胡儿自己）之不知，因其言次语胡儿曰："世人以此谤中郎（虎子），亦言我共作此。"胡儿懊热，一月日闭斋不出。太傅虚托引己之过，以相开悟，可谓德教。

我们现代有这样精神伟大的教育家吗？所以：

> 谢公夫人教儿，问太傅："那得初不见君教儿？"答曰："我常自教儿！"

这正是像谢公称赞褚季野的话："褚季野虽不言，而四时之气亦备！"

他确实在教，并不姑息，但他着重在体贴入微的潜移默化，不欲伤害小儿的羞耻心和自尊心：

> 谢玄年少时好着紫罗香囊，垂覆手。太傅患之，而不欲伤其意，乃谲与赌，得即烧之。

这态度多么慈祥，而用意又何其严格！谢玄为东晋立大功，救国家于垂危，足见这教育精神和方法的成绩。

当时文俗之士所最仇疾的阮籍，行动最为任诞，蔑视礼法也最为彻底。然而正在他身上我们看出这新道德运动的意义和目标。这目标就是要把道德的灵魂重新筑在热情和直率之上，摆脱陈腐礼法的外形。因为这礼法已经丧失了它的真精神，变成阻碍生机的桎梏，被奸雄利用作政权工具，借以锄杀异己（曹操杀孔融）。

> 阮籍当葬母，蒸一肥豚，饮酒二斗，然后临诀，直言："穷矣！"都得一号，因吐血，废顿良久。

他拿鲜血来灌溉道德的新生命！他是一个壮伟的丈夫。容貌瑰杰，志气宏放，傲然独得，任性不羁，当其得意，忽忘形骸，"时人多谓之痴"。这样的人，无怪他的诗旨趣遥深,"反覆零乱,兴寄无端,和愉哀怨,杂集于中"。他的咏怀诗是《古诗十九首》以后第一流的杰作。他的人格坦荡谆至,虽见嫉于士大夫,却能见谅于酒保:

> 阮公邻家妇有美色,当垆沽酒。阮与王安丰常从妇饮酒。阮醉便眠其妇侧。夫始殊疑之,伺察,终无他意。

这样解放的自由的人格是洋溢着生命,神情超迈,举止历落,态度恢廓,胸襟潇洒的:

> 王司州(修龄)在谢公坐,咏"入不言兮出不辞,乘回风兮载云旗!"(《九歌》句)语人云:"当尔时,觉一坐无人!"

桓温读《高士传》,至于陵仲子,便掷去曰:"谁能作此溪刻自处。"这不是善恶之彼岸的超然的美和超然的道德吗?

"振衣千仞冈,濯足万里流!"晋人用这两句诗写下他们的千古风流和不朽的豪情!

(原载重庆《星期评论》第十期,1941年1月出版。后作者作了增改,见"作者识")

清谈与析理

被后世诟病的魏晋人的清谈，本是产生于探求玄理的动机。王导称之为"共谈析理"。嵇康《琴赋》里说："非至精者不能与之析理。""析理"须有逻辑的头脑、理智的良心和探求真理的热忱。青年夭折的大思想家王弼就是这样一个人物。[1] 何晏注《老子》始成，诣王辅嗣（弼），见王注精奇，乃神伏曰："若斯人，可与论天人之际矣。""论天人之际"，当时魏晋人"共谈析理"的最后目标。《世说》又载：

> 殷（浩）、谢（安）诸人共集，谢因问殷："眼

---

[1] 何晏"以为圣人无喜怒哀乐，其论甚精，钟会等述之"。弼与不同，"以为圣人茂于人者神明也。同于人者五情也。神明茂，故能体冲和以通无；五情同，故不能无哀乐以应物。然则圣人之情，应物而无累于物者也。今以其无累便谓不复应物，失之多矣"。（《三国志·钟会传》裴松之注）按：王弼此言极精，他是老庄学派中富有积极精神的人。一个积极的文化价值与人生价值的境界可以由此建立。——作者原注

往属万形,万形来入眼否?"

是则由"论天人之际"的形而上学的探讨注意到知识论了。

当时一般哲学空气极为浓厚,热衷功名的钟会也急急地要把他的哲学著作求嵇康的鉴赏,情形可笑:

> 钟会撰《四本论》始毕,甚欲使嵇公一见。置怀中,既定,畏其难,怀不敢出。于户外遥掷,便回急走。

但是古代哲理探讨的进步,多由于座谈辩难。柏拉图的全部哲学思想用座谈对话的体裁写出来。苏格拉底把哲学带到街头,他的街头论道,是西洋哲学史中最有生气的一页。印度古代哲学的辩争尤非常激烈。孔子的真正人格和思想也只表现在《论语》里。魏晋的思想家在清谈辩难中,显出他们活泼飞跃的析理的兴趣和思辨的精神。《世说》载:

> 何晏为吏部尚书,有位望。时谈客盈坐。王弼未弱冠,往见之。晏闻弼名,因条向者胜理,语弼曰:"此理仆以为极,可得复难不?"弼便作

难，一坐人便以为屈。于是弼自为客主数番，皆一坐所不及。

当时人辩论名理，不仅是"理致甚微"，兼"辞条丰蔚，甚足以动心骇听"。可惜当时没有一位文学天才把重要的清谈辩难详细记录下来，否则中国哲学史里将会有可以媲美《柏拉图对话集》的作品。

我们读《世说》下面这段记载，可以想象当时谈理时的风度和内容的精彩。

> 支道林、许（询）、谢（安）盛德，共集王（濛）家。谢顾谓诸人："今日可谓彦会。时既不可留，此集固亦难常，当共言咏，以写其怀！"许便问主人有《庄子》不？正得《渔父》一篇。谢看题，便各使四坐通。支道林先通，作七百许语，叙致精丽，才藻奇拔，众咸称善。于是四坐各言怀毕。谢问曰："卿等尽不？"皆曰："今日之言，少不自竭。"谢后粗难，因自叙其意，作万余语，才峰秀逸，既自难干，加意气拟托，萧然自得，四坐莫不厌心。支谓谢曰："君一往奔诣，故复自佳耳！"

谢安在清谈上也表现出他领袖人群的气度。晋人的艺术气质，使"共谈析理"也成了一种艺术创作。

　　支道林、许掾（询）诸人共在会稽王斋头。支为法师，许为都讲。支通一义，四坐莫不厌心，许送一难，众人莫不抃舞。但共嗟咏二家之美，不辩其理之所在。

但支道林并不忘这种辩论应该是"求理中之谈"。《世说》载：

　　许询年少时，人以比王苟子。许大不平。时诸人士及于法师，并在会稽西寺讲，王亦在焉。许意甚忿，便往西寺与王论理，共决优劣。苦相折挫，王遂大屈。许复执王理，王执许理，更相复疏，王复屈。许谓支法师曰："弟子向语何似？"支从容曰："君语佳则佳矣，何至相苦邪？岂是求理中之谈哉？"

可见"共谈析理"才是清谈真正目的，我们最后再欣赏这求真爱美的时代里一个"共谈析理"的艺术杰作：

　　客问乐令"旨不至"者，乐亦不复剖析文句，直以麈尾柄确几曰:"至不?"客曰:"至。"乐因又举麈尾曰:"若至者,那得去?"于是客乃悟服。乐辞约而旨达,皆此类。

大化流衍,一息不停,方以为"至",倏焉已"去",云"至"云"去",都是名言所执。故飞鸟之影,莫见其移,而逝者如斯夫,不舍昼夜!孔子川上之叹,桓温摇落之悲,卫玠的"见此芒芒,不觉百端交集",王孝伯叹赏古诗"所遇无故物,焉得不速老"。晋人这种宇宙意识和生命情调,已由乐广把它们概括在辞约而旨达的"析理"中了。

(原载1942年8月31日《时事新报·学灯》)

略谈敦煌艺术的意义与价值

中国艺术有三个方向与境界。第一个是礼教的、伦理的方向。三代钟鼎和玉器都产生于礼教,而它的图案画发展为具有教育及道德意义的汉代壁画(如武梁祠壁画等),东晋顾恺之的女史箴,也还是属于这范畴。第二是唐宋以来笃爱自然界的山水花鸟,使中国绘画艺术树立了它的特色,获得了世界地位。然而正因为这"自然主义"支配了宋代的艺坛,遂使人们忘怀了那第三个方向,即从六朝到晚唐宋初的丰富的宗教艺术。这七八百年的佛教艺术创造了空前绝后的佛教雕像。云冈、龙门、天龙山的石窟,尤以近来才被人注意的四川大足造像和甘肃麦积山造像。中国竟有这样伟大的雕塑艺术,其数量之多、地域之广、规模之大、造诣之深,都足以和希腊雕塑艺术争辉千古!而这艺术却被唐宋以来的文人画家所视而不见,就像西洋中古教士对于罗马郊区的古典艺术熟视无睹。

雕刻之外,在当时更热闹、更动人、更炫丽的是彩色的壁画，而当时画家的艺术热情表现于张图与跋异竞赛这段动人的故事：

五代时，张图，梁人，好丹青，尤长大像。梁龙德间，洛阳广爱寺沙门义暄，置金币，邀四方奇笔，画三门两壁。时处士跋异，号为绝笔，乃来应募。异方草定画样，图忽立其后曰："知跋君敏手，固来赞贰。"异方自负，乃笑曰："顾陆，吾曹之友也，岂须赞贰？"图愿绘右壁，不假朽约，搦管挥写，倏忽成折腰报事师者，从以三鬼。异乃瞪目跂踏，惊拱而言曰："子岂非张将军乎？"图捉管厉声曰："然。"异雍容而谢曰："此二壁非异所能也。"遂引退；图亦不伪让，乃于东壁画水仙一座，直视西壁报事师者，意思极为高远。然跋异固为善佛道鬼神称绝笔艺者，虽被斥于张将军；后又在福先寺大殿画护法善神，方朽约时，忽有一人来，自言姓李，滑台人，有名善画罗汉，乡里呼余为李罗汉，当与汝对画，角其巧拙。异恐如张图者流，遂固让西壁与之。异乃竭精仁思，意与笔会，屹成一神，侍从严毅，而又设色鲜丽。李氏纵观异画，觉精妙入神非己所及，遂手足失措。由是异有得色，遂夸诧曰："昔见败于张将军，今取捷于李罗汉。"

这真是中国伟大的"艺术热情时代"！因了西域传来的宗教信仰的刺激及新技术的启发，中国艺人摆脱了传统礼教之理智束缚，驰骋他们的幻想，发挥他们的热力。线条、色彩、形象，无一不飞动奔放，虎虎有生气。"飞"是他们的精神梦想，飞腾动荡是那时艺术境界的特征。

这个灿烂的佛教艺术，在中原本土，因历代战乱及佛教之衰退而被摧毁消灭。富丽的壁画及其崇高的境界真是"如幻梦如泡影"，从衰退萎弱的民族心灵里消逝了。支持画家艺境的是残山剩水、孤花片叶。虽具清超之美而乏磅礴的雄图。天佑中国！在西陲敦煌洞窟里，竟替我们保留了那千年艺术的灿烂遗影。我们的艺术史可以重新写了！我们如梦初觉，发现先民的伟力、活力、热力、想象力。

这次敦煌艺术研究所辛苦筹备的艺展，虽不能代替我们必须有一次的敦煌之游，而临摹的逼真，已经可以让我们从"一粒沙中窥见一个世界，一朵花中欣赏一个天国"了！

最使我感兴趣的是敦煌壁画中的极其生动而具有神魔性的动物画，我们从一些奇禽异兽的泼辣的表现里透进了世界生命的原始境界，意味幽深雄厚。现代西洋新派画家厌倦了自然表面的刻画，企求再由天真原始的心灵去把握自然生命的核心层。德国画家马尔克（F. Marc）震惊世俗的《蓝马》，可以同这里的马精神相通。而这里《释尊本生故事图录》的画风，尤以《游观农务》一幅简直是近代画家盎利卢骚（Henri Rousseau）的特异的孩稚心灵的画境。几幅力士像和北魏乐伎像的构图及用笔，使我们联想到法国野兽派洛奥（Rouault）的拙厚的线条及中古教堂玻璃窗上哥提式的画像。而马蒂思（Matisse）这些人的线纹也可以在这里找到他们的伟大先驱。不过这里的一切是出自古人的原始感觉和内心的迸发，浑朴而天真。而西洋新派画家是在追寻着失去的天国，是有意识地回到原始意味。

敦煌艺术在中国整个艺术史上的特点与价值，是在它的对象以人物为中心，在这方面与希腊相似。但希腊的人体的境界和这里有一个显著的分别。希腊的人像是着重在"体"，一个由皮肤轮廓所包的体积，所以表现得静穆稳重。而敦煌人像，全是在飞腾的舞姿中（连立像、坐像的躯体也是在扭曲的舞姿中）；人像的着重点不在体积而在那克服了地心吸力的飞动旋律，所以身体上的主要衣饰不是贴体的衫褐，而是飘荡飞举的缠绕着的带纹（在北魏画里有全以带纹代替衣饰的）。佛背的火焰似的圆光，足下的波浪似的莲座，联合着这许多带纹组成一幅广大繁富的旋律，象征着宇宙节奏，以包容这躯体的节奏于其中。这是敦煌人像所启示给我们的中西人物画的主要区别。只有英国的画家勃莱克的《神曲》插画中人物，也表现这同样的上下飞腾的旋律境界。近代雕刻家罗丹也摆脱了希腊古典意境，将人体雕像谱入于光的明暗闪灼的节奏中，而敦煌人像却系融化在线纹的旋律里。敦煌的艺境是音乐意味的，全以音乐舞蹈为基本情调，《西方净土变》的天空中还飞跃着各式乐器呢。

艺展中有唐画山水数幅，大可以帮助中国山水画史的探索，有一二幅令人想象王维的作风，但它们本身也都具有拙厚天真的美。在艺术史上，是各个阶段、各个时代"直接面对着上帝"的，各有各的境界与美。至少我们欣赏者应该拿这个态度去欣领它们的艺术价值。而我们现代艺术家能从这里获得深厚的启发，鼓舞创造的热情，是毫无疑义的。至于图案设计之繁富灿美也表示古人的创造的想象力之活跃，一个文化丰盛的时代，必能发明无数图案，装饰他们的物质背景，以美化他们的生活。

（原载上海《观察》第五卷第四期，1948年9月出版）

看了罗丹雕刻以后

"……艺术是精神和物质的奋斗……艺术是精神界的生命贯注到物质界中，使无生命的表现生命，无精神的表现精神……艺术是自然的重现，是提高的自然……"抱了这几种对于艺术的直觉见解走到欧洲，经过巴黎，徘徊于罗浮艺术之宫，摩挲于罗丹雕刻之院，然后我的思想大变了。否，不是大变了，是深沉了。

我们知道我们一生生命的迷途中，往往会忽然遇着一刹那顷的电光，破开云雾，照瞩前途黑暗的道路。一照之后，我们才确定了方向，直往前趋，不复迟疑。纵使本来已经是走着了这条道路，但是今后才确有把握，更增了一番信仰。

我这次看见了罗丹的雕刻，就是看到了这一种光明。我自己自幼的人生观和自然观是相信创造的活力是我们生命的根源，也是自然的内在的真实。你看那自然何等调和，何等完满，何等神秘不可思议！你看那自然中何处不是生命，何处不是活动，何处不是优美光明！这大自然的全体不就是一个理性的数学、情绪的音乐、意志的波澜吗？一言蔽之，我感得这宇宙的图画是个大优美精神的表现。但是年事长了，经验多了，同这个实际世界冲突久了，晓得这空间中有一种冷静的、无情的、对抗的物质，为我们自我表现、意志活动的阻碍，是不可动摇的事实。又晓得这人事中有许多悲惨的、冷酷的、愁闷的、龌龊的现状，也是不可动摇的事实。这个世界，不是已经美满的世界，乃是向着美满方面战斗进化的世界。你试看那棵绿叶的小树，它从黑暗冷湿的土地里向着日光，向着空气，作无止境的战斗，终竟枝叶扶疏，摇荡于青天白云中，表现着不可言说的美。一切有机生命皆凭借物质扶摇而入于精神的美。大自然中有一种不可思议的活力，推动无生界以入于有机界，从有机界以至于最高的生命、理性、情绪、感觉。这种活力是一切生命的源泉，也是一切"美"的源泉。

自然无往而不美。何以故？以其处处表现这种不可思议的活力故。照相片无往而美。何以故？以其只摄取了自然的表面，而不能表现自然底面的精神故（除非照相者以艺术的手段处理它）。艺术家的图画、雕刻却又无往而不美，何以故？以其能从艺术家自心的精神，以表现自然的精神，使艺术的创作如自然的创作故。

什么叫作美？——"自然"是美的，这是事实。诸君若不相信，只要走出诸君的书室，仰看那檐头金黄色的秋叶在光波中颤动；或是来到池边柳树下俯看那白云青天在水波中荡漾，包管你有一种说不出的快感。这种感觉就叫作"美"。我前几天在此地斯蒂丹博物院里徘徊了一天，看了许多荷兰画家的名画，以为最美的当莫过于大艺术家的图画、雕刻了，哪晓得今天早晨起来走到附近绿堡森林中去看日出，忽然觉得自然的美终不是一切艺术所能完全达到的。你看那空中的光、色，那花草的颤动，云水的波澜，有什么艺术家能够完全表现得出？所以自然始终是一切美的源泉，是一切艺术的范本。艺术最后的目的，不外乎将这种瞬息变化、起灭无常的"自然美的印象"，借着图画、雕刻的作用，扣留下来，使它普遍化、永久化。什么叫作普遍化、永久化？这就是说一幅自然美的好景往往在深山丛林中，不是人人能享受的；并且瞬息变化、起灭无常，不是人时时能享受的（……"夕阳无限好，只是近黄昏"……）。艺术的功用就是将它描摹下来，使人人可以普遍地、时时地享受。艺术的目的就在于此，而美的真泉仍在自然。

那么，一定有人要说我是艺术派中的什么"自然主义""印象主义"了。这一层我还有申说。普通所谓自然主义是刻画自然的表面，入于细微。那么能够细密而真切地摄取自然印象的莫过于照相片了。然而我们人人知道照片没有图画的美，照片没有艺术的价值。这是什么缘故呢？照片不是自然最真实的摄影吗？若是艺术以纯粹描写自然为标准，总要让照片一筹，而照片又确是没有图画的美。难道艺术的目的不是在表现自然的真相吗？这个问题很可令人注意。我们再分析一下。

（一）向来的大艺术家如荷兰的伦勃朗、德国的丢勒、法国的罗丹都是承认自然是艺术的标准模范，艺术的目的是表现最真实的自然。他们的艺术创作依了这个理想都成了第一流的艺术品。

（二）照片所摄的自然之影比以上诸公的艺术杰作更加真切、更加细密，但是确没有"美"的价值，更不能与以上诸公的艺术品媲美。

（三）从这两条矛盾的前提得来结论如下：若不是诸大艺术家的艺术观念——以表现自然真相为艺术的最后目的——有根本错误之处，就是照片所摄取的自然并不是真实的自然。而艺术家所表现的自然，方是真实的自然！

果然！诸大艺术家的艺术观念并不错误。照片所摄非自然之真。唯有艺术才能真实表现自然。

诸君初听了此话，一定有点惊诧，怎么照片还不及图画的真实呢？

罗丹说："果然！照片说谎，而艺术真实。"这话含意深厚，非解释不可。请听我慢慢说来。

我们知道"自然"是无时无处不在"动"中的。物即是动，动即是物，物质与动不能分离。这种"动象"，积微成著，瞬息变化，不可捉摸。能捉摸者，已非是动；非是动者，即非自然。照相片于物象转变之中摄取一角，强动象以为静象，已非物之真相了。况且动者是生命之表示，精神的作用；描写动者，即是表现生命，描写精神。自然万象无不在"活动"中，即是无不在"精神"中，无不在"生命"中。艺术家要想借图画、雕刻等以表现自然之真，当然要能表现动象，才能表现精神、表现生命。这种"动象的表现"，是艺术最后的目的，也就是艺术与照片根本不同之处了。

艺术能表现"动"，照片不能表现"动"。"动"是自然的真相，所以罗丹说："照片说谎，而艺术真实。"

但是艺术是否能表现"动"呢？艺术怎样能表现"动"呢？关于第一个问题要我们的直接经验来解决。我们拿一张照片和一张名画来比看，我们就觉得照片中风景虽逼真，但是木板板地没有生动之气，不同我们当时所直接看见的自然真境有生命，有活力；我们再看那张名画中景致，虽不能将自然中的光气云色完全表现出来，但我们已经感觉它里面山水、人物栩栩如生，仿佛如入真境了。我们再拿一张照片摄的行步的人和罗丹雕刻的《行步的人》一比较，就觉得照片中人提起了一只脚，而凝住不动，好像麻木了一样；而罗丹的石刻确是在那里走动，仿佛要姗姗而去了。这种"动象的表现"要诸君亲来罗丹博物院里参观一下，就相信艺术能表现"动"，而照片不能。

那么，艺术又怎样会能表现出动象呢？这个问题是艺术家的大秘密。我非艺术家，本无从回答；并且各个艺术家的秘密不同。我现在且把罗丹自己的话介绍出来：

罗丹说："你们问我的雕刻怎样会能表现这种'动象'？其实这个秘密很简单。我们要先确定'动'是从一个现状转变到第二个现状。画家与雕刻家之表现'动象'就在能表现出这两个现状中间的过程。他要能在雕刻或图画中表示出那第一个现状，于不知不觉中转化入第二个现状，使我们观者能在这作品中，同时看见第一现状过去的痕迹和第二现状初生的影子，然后'动象'就俨然在我们的眼前了。"

这是罗丹创造动象的秘密。罗丹认定"动"是宇宙的真相，唯有动象可以表示生命，表示精神，表示那自然背后所深藏的不可思议的东西。这是罗丹的世界观，这是罗丹的艺术观。

罗丹自己深入于自然的中心，直感着自然的生命呼吸、理想情绪，晓得自然中的万种形象，千变百化，无不是一个深沉浓挚的大精神——宇宙活力——所表现。这个自然的活力凭借着物质，表现出花，表现出光，表现出云树山水，以至于鸢飞鱼跃、美人英雄。所谓自然的内容，就是一种生命精神的物质表现而已。

艺术家要模仿自然，并不是真去刻画那自然的表面形式，乃是直接去体会自然的精神，感觉那自然凭借物质以表现万象的过程，然后以自己的精神、理想情绪、感觉意志，贯注到物质里面制作万形，使物质而精神化。

"自然"本是个大艺术家，艺术家也是个"小自然"。艺术创造的过程，是物质的精神化；自然创造的过程，是精神的物质化；首尾不同，而其结局同为一极真、极美、极善的灵魂和肉体协调，心物一致的艺术品。

罗丹深明此理，他的雕刻是从里面发展，表现出精神生命，不讲求外表形式的光滑美满。但他的雕刻中确没有一条曲线、一块平面而不有所表示生意跃动，神致活泼，如同自然之真。罗丹真可谓能使物质而精神化了。

罗丹的雕刻最喜欢表现人类的各种情感动作，因为情感动作是人性最真切的表示。罗丹和古希腊雕刻的区别也就在此。希腊雕刻注重形式的美，讲求表面的完满工整，这是理性的表现。罗丹的雕刻注重内容的表示，讲求精神的活泼跃动。所以希腊的雕刻可称为"自然的几何学"，罗丹的雕刻可称为"自然的心理学"。

自然无往而不美。普通人所谓丑的如老妪病骸，在艺术家眼中无不是美，因为也是自然的一种表现。果然！这种奇丑怪状只要一从艺术家手腕下经过，立刻就变成了极可爱的美术品了。艺术家是无往而非"美"的创造者，只要他真能把自然表现了。

所以罗丹的雕刻无所选择，有奇丑的媒母，有愁惨的人生，有笑、有哭，有至高纯洁的理想，有人类根性中的兽欲。他眼中所看的无不是美，他雕刻出了，果然是美。

他说："艺术家只要写出他所看见的就是了，不必多求。"这话含有至理。我们要晓得艺术家眼光中所看见的世界和普通人的不同，他的眼光要深刻些，要精密些。他看见的不只是自然人生的表面，乃是自然人生的中心。他感觉自然和人生的现象是含有意义的，是有所表示的。你看一个人的面目，它的表示何其多。它表示了年龄、经验、嗜好、品行、性质，以及当时的情感思想。一言蔽之，一个人的面目中，藏蕴着一个人过去的生命史和一个时代文化的潮流。这种人生界和自然界的精神方面的表现，非艺术家深刻的眼光，不能看得十分真切。但艺术家不单是能看出人类和动物界处处有精神的表示。他看见了一枝花、一块石、一湾泉水，都是在那里表现一段诗魂。能将这种灵肉一致的自然现象和人生现象描写出来，自然是生意跃动，神致活泼，如同自然之真了。

罗丹眼光精明，他看见这宇宙虽然物品繁富，仪态万千，但综而观之，是一幅意志的图画。他看见这人生虽然波澜起伏、曲折多端，但合而观之，是一曲情绪的音乐。情绪意志是自然之真，表现而为动。所以动者是精神的美，静者是物质的美。世上没有完全静的物质，所以罗丹写动而不写静。

罗丹的雕刻不单是表现人类普遍精神（如喜、怒、哀、乐、爱、恶、欲），他同时注意时代精神，他晓得一个伟大的时代必须有伟大的艺术品，将时代精神表现出来遗传后世。他于是搜寻现代的时代精神究竟在哪里。他在这十九、二十世纪潮流复杂、思想矛盾的时代中搜寻出几种基本精神：（1）劳动。十九、二十世纪是劳动神圣时代，劳动是一切问题的中心，于是罗丹创造《劳动塔》（未成）。（2）精神劳动。十九、二十世纪科学工业发达，是精神劳动极昌盛的时代，不可不特别表示，于是罗丹创造《思想的人》和《巴尔扎克夜起著文之像》。（3）恋爱。精神的与肉体的恋爱，是现时代人类主要的冲动，于是罗丹在许多雕刻中表现之（接吻）。

我对于罗丹的观察要完了。罗丹一生工作不息，创作繁富。他是个真理的搜寻者，他是个美乡的醉梦者，他是个精神和肉体的劳动者。他生于一八四〇年，死于近年，生时受人攻击非难，如一切伟大的天才那样。

（原载《少年中国》第二卷第九期，1921年3月出版）

论素描[1]
——《孙多慈素描集》序

西洋画素描与中国画的白描及水墨法，摆脱了彩色的纷华灿烂，轻装简从，直接把握物的轮廓、物的动态、物的灵魂。画家的眼、手、心与造物面对面肉搏。物象在此启示它的真形，画家在此流露他的手法与个性。

抽象线纹，不存于物，不存于心，却能以它的匀整、流动、回环、屈折，表达万物的体积、形态与生命；更能凭借它的节奏、速度、刚柔、明暗，有如弦上的音、舞中的态，写出心情的灵境而探入物体的诗魂。

所以中国画自始至终以线为主。张彦远的《历代名画记》上说："无线者非画也。"这句话何其爽直而肯定！西洋画的素描则自米开朗琪罗（Michelangelo）、达·芬奇、拉斐尔（Raphael）、伦勃朗以来，不但是作为油画的基础

---

[1] 1935年3月，写于南京。——作者原注

工作，画家与物象第一次会晤交接的产儿，且以其亲切地表示画家"艺术心灵的探险史"与造物肉搏时的悲剧与光荣的胜利，使我们直接窥见艺人心物交融的灵感刹那，惊天动地的非常际会。其历史的价值与心理的趣味有时超过完成的油画（近代素描亦已成为独立的艺术）。

然而中、西线画之观照物象与表现物象的方式、技法，有着历史上传统的差别：西画线条是抚摩着肉体，显露着凹凸，体贴轮廓以把握坚固的实体感觉；中国画则以飘洒流畅的线纹，笔酣墨饱，自由组织（仿佛音乐的制曲），暗示物象的骨格、气势与动向。顾恺之是中国线画的祖师（虽然他更渊源于古代铜器线纹及汉画），唐代吴道子是中国线画的创造天才与集大成者，他的画法有所谓"吴带当风"，可以想见其线纹的动荡、自由、超象而取势，其笔法不暇作形体实象的描摹，而以表现动力气韵为主。然而北齐（公元五五〇年至五七七年）时曹国（今乌兹别克斯坦撒马尔罕一带）画家曹仲达以西域作风画人物，号称"曹衣出水"，可以想见其衣纹垂直贴附肉体显露凹凸，有如希腊出浴女像。此为中国线画之受外域影响者。后来宋元花鸟画以纯净优美的曲线，写花鸟的体态轮廓，高贵圆满，表示最深意味的立体感。以线示体，于此已见高峰。

但唐代王维以后，水墨渲淡一派兴起，以墨气表达骨气，以墨彩暗示色彩。虽同样以抽象笔墨追寻造化，在西洋亦属于素描之一种，然重墨轻笔之没骨画法，亦系间接接受印度传来晕染法之影响。故中国线描、水墨两大画系虽渊源不同，而其精神在以抽象的笔墨超象立形，依形造境，因境传神，达于心物交融、形神互映的境界，则为一致。西画里所谓素描，在中国画正是本色。

素描的价值在直接取相，眼、手、心相应以与造物肉搏，而其精神则又在以富于暗示力的线纹或墨彩表出具体的形神。故一切造形艺术的复兴，当以素描为起点；素描是返于"自然"，返于"自心"，返于"直接"，返于"真"，更是返于纯净无欺。法国大画家安格尔（Ingres）说："素描者艺之贞也。"

中国的素描——线描与水墨——本为唐宋绘画的伟大创造，光彩灿烂，照耀百世，然宋元以后逐渐流为僵化的定型。绘艺衰落，自不待言。

孙多慈女士天资敏悟，好学不倦，是真能以艺术为生命为灵魂者，所以落笔有韵，取象不惑，好像前生与造化有约，一经睹面即能会心于体态意趣之间，不惟观察精确，更能表现有味。素描之造诣尤深。画狮数幅，据说是在南京马戏场生平第一次见狮的速写。线纹雄秀，表出狮的体积与气魄，真气逼人而有相外之味。最近又爱以中国纸笔写肖像，落墨不多，全以墨彩分凹凸明暗；以西画的立体感含咏于中国画之水晕墨章中，质实而空灵，别开生面。

引中画更近于自然,恢复踏实的形体感,未尝不是中国画发展的一条新路。

此外,各幅都能表示作者观察敏锐,笔法坚稳,清新之气扑人眉宇,览者自知,兹不一一分析。写此短论,聊当介绍。

(《孙多慈素描集》,1935年出版)

论文艺的空灵与充实

周济(止庵)《词辨》里论作词云:"初学词求空,空则灵气往来。既成格调,求实,实则精力弥满。"

孟子曰:"充实之谓美。"

从这两段话里可以建立一个文艺理论,试一述之:先看文艺是什么?画下面一个图[1]来说明:

```
           精 神 生 活
          (真)(善)(美)
            ┌─宗 艺 哲─┐
            │ 教 术 学 │
       ┌政治│民 文│科学┐
    行 │社会│族 化│研究│ 知
       └经济│    │    ┘
            │ 技  术  │
            └────────┘
            物 质 基 础
```

---

[1] 据后文表述,图中"艺术"似应为"文艺"。为尊重原文,本书对图中的"艺术"不作修改。——编者

一切生活部门都有技术方面,想脱离苦海求出世间法的宗教家,当他修行证果的时候,也要有程序、步骤、技术,何况物质生活方面的事件?技术直接处理和活动的范围是物质界。它的成绩是物质文明,经济建筑在生产技术的上面,社会和政治又建筑在经济上面。然经济生产有待于社会的合作和组织,社会的推动和指导有待于政治力量。政治支配着社会,调整着经济,能主动,不必尽为被动的。这因果作用是相互的。政与教又是并肩而行,领导着全体的物质生活和精神生活。古代政教合一,政治的领袖往往同时是大教主、大祭师。现代政治必须有主义做基础,主义是现代人的宇宙观和信仰。然而信仰已经是精神方面的事,从物质界、事务界伸进精神界了。

人之异于禽兽者有理性、有智慧,他是知行并重的动物。知识研究的系统化,成科学。综合科学知识和人生智慧建立宇宙观、人生观,就是哲学。

哲学求真,道德或宗教求善,介乎二者之间表达我们情绪中的深境和实现人格的谐和的是"美"。

文学艺术是实现"美"的。文艺从它左邻"宗教"获得深厚热情的灌溉,文学艺术和宗教携手了数千年,世界最伟大的建筑、雕塑和音乐多是宗教的。第一流的文学作品也基于伟大的宗教热情。《神曲》代表着中古的基督教。《浮士德》代表着近代人生的信仰。

文艺从它的右邻"哲学"获得深隽的人生智慧、宇宙观念，使它能执行"人生批评"和"人生启示"的任务。

艺术是一种技术，古代艺术家本就是技术家（手工艺的大匠）。现代及将来的艺术家也应该特重技术。然而他们的技术不只是服役于人生（像工艺），而是表现着人生，流露着情感个性和人格的。

生命的境界广大，包括着经济、政治、社会、宗教、科学、哲学。这一切都能反映在文艺里。然而文艺不只是一面镜子，映现着世界，且是一个独立的自足的形相创造。它凭着韵律、节奏、形式的和谐，彩色的配合，成立一个自己的有情有相的小宇宙；这宇宙是圆满的、自足的，而内部一切都是必然性的，因此是"美"的。

文艺站在宗教和哲学旁边能并立而无愧。它的根基却深深地植根在时代的技术阶段和社会政治的意识上面，它要有土腥气，要有时代的血肉，纵然它的头须伸进精神的、光明的、高超的天空，指示着生命的真谛，宇宙的奥境。

文艺境界的广大，和人生同其广大；它的深邃，和人生同其深邃，这是多么丰富、充实！孟子曰："充实之谓美。"这话当作如是观。

然而它又须超凡入圣，独立于万象之表，凭它独创的形相，范铸一个世界，冰清玉洁，脱尽尘滓，这又是何等的空灵？

空灵和充实是艺术精神的两元，先谈空灵！

一 空灵

艺术心灵的诞生，在人生忘我的一刹那，即美学上所谓"静照"。静照的起点在于空诸一切，心无挂碍，和世务暂时绝缘。这时一点觉心，静观万象，万象如在镜中，光明莹洁，而各得其所，呈现着它们各自的充实的、内在的、自由的生命，所谓"万物静观皆自得"。这自得的、自由的各个生命在静默里吐露光辉。

苏东坡诗云：

静故了群动，空故纳万境。

王羲之云：

山阴道上行，如在镜中游。

空明的觉心，容纳着万境，万境浸入人的生命，染上了人的性灵。所以周济说："初学词求空，空则灵气往来。"灵气往来是物象呈现着灵魂生命的时候，是美感诞生的时候。

所以美感的养成在于能空，对物象造成距离，使自己不沾不滞，物象得以孤立绝缘，自成境界：舞台的帘幕，图画的框廓，雕像的石座，建筑的台阶、栏干，诗的节奏、韵脚，从窗户看山水、黑夜笼罩下的灯火街市、明月下的幽淡小景，都是在距离化、间隔化条件下诞生的美景。

李方叔词《虞美人·过拍》云："好风如扇雨如帘，时见岸花汀草，涨痕添。"

李周隐词："画檐簪柳碧如城，一帘风雨里，过清明。"

风风雨雨也是造成间隔化的好条件，一片烟水迷离的景象是诗境，是画意。

中国画堂的帘幕是造成深静的词境的重要因素，所以词中常爱提到。韩持国的词句：

燕子渐归春悄，帘幕垂清晓。

况周颐评之曰："境至静矣，而此中有人，如隔蓬山，思之思之，遂由浅而见深。"

董其昌曾说："摊烛作画，正如隔帘看月，隔水看花！"他们懂得"隔"字在美感上的重要。

然而这还是依靠外界物质条件造成的"隔"，更重要的还是心灵内部方面的"空"。司空图《诗品》里形容艺术的心灵当如"空潭泻春，古镜照神"，形容艺术人格为"落花无言，人淡如菊"，"神出古异，淡不可收"。艺术的造诣当

"遇之匪深，即之愈稀"，"遇之自天，泠然希音"。

精神的淡泊，是艺术空灵化的基本条件。欧阳修说得最好："萧条淡泊，此难画之意，画者得之，览者未必识也。故飞走、迟速、意浅之物易见，而闲和严静，趣远之心难形。"萧条淡泊，闲和严静，是艺术人格的心襟、气象。这心襟，这气象，能令人"事外有远致"，艺术上的神韵油然而生。陶渊明所爱的"素心人"，指的是这境界。他的一首《饮酒》诗更能表出诗人这方面的精神形态：

> 结庐在人境，而无车马喧。
> 问君何能尔，心远地自偏。
> 采菊东篱下，悠然见南山。
> 山气日夕佳，飞鸟相与还。
> 此中有真意，欲辨已忘言。

陶渊明爱酒，晋人王蕴说："酒正使人人自远。""自远"是心灵内部的距离化。

然而"心远地自偏"的陶渊明才能"悠然见南山"，并且体会到"此中有真意，欲辨已忘言"。可见艺术境界中的"空"并不是真正的空，乃是由此获得"充实"，由"心远"接近到"真意"。

晋人王荟说得好，"酒正引人着胜地"，这使人人自远的酒正能引人着胜地。这胜地是什么？不正是人生的广大、深邃和充实？于是谈"充实"！

二　充实

尼采说艺术世界的构成由于两种精神：一是"梦"，梦的境界是无数的形象（如雕刻）；一是"醉"，醉的境界是无比的豪情（如音乐）。这豪情使我们体验到生命里最深的矛盾、广大的复杂的纠纷；"悲剧"是这壮阔而深邃的生活的具体表现。所以西洋文艺顶推重悲剧。悲剧是生命充实的艺术。西洋文艺爱气象宏大、内容丰满的作品。荷马、但丁、莎士比亚、塞万提斯、歌德，直到近代的雨果、巴尔扎克、斯丹达尔、托尔斯泰等，莫不启示一个悲壮而丰实的宇宙。

歌德的生活经历着人生各种境界，充实无比。杜甫的诗歌最为沉着深厚而有力，也是由于生活经验的充实和情感的丰富。

周济论词空灵以后主张："求实，实则精力弥满。"精力弥满则能"赋情独深，逐境必寤，酝酿日久，冥发妄中。虽铺叙平淡，摹缋浅近，而万感横集，五中无主。读其篇者，临渊窥鱼，意为鲂鲤，中宵惊电，罔识东西。赤子随母笑啼，乡人缘剧喜怒"。这话真能形容一个内容充实的创作给我们的感动。

司空图形容这壮硕的艺术精神说:"天风浪浪,海山苍苍。真力弥满,万象在旁。""返虚入浑,积健为雄。""生气远出,不着死灰。妙造自然,伊谁与裁。""是有真宰,与之沉浮。""吞吐大荒,由道返气。""俱道适往,著手成春。""行神如空,行气如虹。"艺术家精力充实,气象万千,艺术的创造追随真宰的创造。

> 黄子久(元代大画家)终日只在荒山乱石、丛木深筱中坐,意态忽忽,人不测其为何。又每往泖中通海处看急流轰浪,虽风雨骤至,水怪悲诧而不顾。

他这样沉酣于自然中的生活,所以他的画能"沉郁变化,几与造化争神奇"。六朝时宗炳曾论作画云"万趣融其神思",不是画家丰富心灵的写照吗?

中国山水画趋向简淡,然而简淡中包具无穷境界。倪云林画一树一石,千岩万壑不能过之。恽南田论元人画境中所含丰富幽深的生命,说得最好:

> 元人幽秀之笔,如燕舞飞花,揣摸不得;又如美人横波微盼,光彩四射,观者神惊意丧,不

知其所以然也。

元人幽亭秀木,自在化工之外,一种灵气。惟其品若天际冥鸿,故出笔便如哀弦急管,声情并集,非大地欢乐场中可得而拟议者也。

哀弦急管,声情并集,这是何等繁富热闹的音乐,不料能在元人一树一石、一山一水中体会出来,真是不可思议。元人造诣之高和南田体会之深,都显出中国艺术境界的最高成就!然而元人幽淡的境界背后,仍潜隐着一种宇宙豪情。南田说:"群必求同,求同必相叫,相叫必于荒天古木,此画中所谓意也。"

相叫必于荒天古木,这是何等沉痛、超迈、深邃、热烈的生命情调与宇宙意识?这是中国艺术心灵里最幽深、悲壮的表现了罢?

叶燮在《原诗》里说:"可言之理,人人能言之,又安在诗人之言之!可征之事,人人能述之,又安在诗人之述之!必有不可言之理,不可述之事,遇之于默会意象之表,而理与事无不灿然于前者也。"

这是艺术心灵所能达到的最高境界!由能空、能舍,而后能深、能实,然后宇宙生命中一切理、一切事,无不把它的最深意义灿然呈露于前。"真力弥满",则"万象在旁","群籁虽参差,适我无非新"(王羲之诗)。

总上所述，可见中国文艺在空灵与充实两方都曾尽力，达到极高的成就。所以中国诗人尤爱把森然万象映射在太空的背景上，境界丰实空灵，像一座灿烂的星天！

王维诗云："徒然万象多，澹尔太虚缅。"

韦应物诗云："万物自生听，太空恒寂寥。"

（原载《文艺月刊》1943年5月号）

略论文艺与象征

诗人艺术家在这人世间，可具两种态度：醉和醒。醒者张目人间，寄情世外，拿极客观的胸襟"漱涤万物，牢笼百态"（柳宗元语），他的心像一面清莹的镜子，照射到街市沟渠里面的污秽，却同时也映着天光云影，丽日和风！世间的光明与黑暗，人心里的罪恶与圣洁，一体显露，并无差等。所谓"赋家之心，包括宇宙"，人情物理，体会无遗。英国的莎士比亚，中国的司马迁，都会留下"一个世界"给我们，使我们体味不尽。他们的"世界"虽是匠心的创造，却都具有真情实理，生香活色，与自然造化一般无二。

然而他们究竟是大诗人，诗人具有别材别趣，尤贵具有别眼。包括宇宙的赋家之心反射出的仍是一个"诗心"所照临的世界。这个世界尽管十分客观，十分真实，十分清醒，终究蒙上了一层诗心的温情和智慧的光辉，使我们读者走进一个较现实更清朗、更生动、更深厚的富于启发性的世界。

所以诗人善醒，他能透彻人情物理，把握世界人生的真境实相，散布着智慧，那由深心体验所获得的晶莹的智慧。

但诗人更要能醉，能梦。由梦由醉诗人方能暂脱世俗，超越凡近，深深地深深地坠入这世界人生的一层变化迷离、奥妙惝恍的境地。《古诗十九首》，凿空乱道，归趣难穷，读之者苍茫踌躇，百端交集，茫茫宇宙，渺渺人生，念天地之悠悠，独怆然而涕下；一种无可奈何的情绪，无可表达的沉思，无可解答的疑问，令人愈体愈深，文艺的境界邻近到宗教境界（欲解脱而不得解脱，情深思苦的境界）。

这样一个因体会之深而难以言传的境地，已不是明白清醒的逻辑文体所能完全表达。醉中语有醒时道不出的。诗人艺术家往往用象征的（比兴的）手法才能传神写照。诗人于此凭虚构象，象乃生生不穷；声调、色彩、景物，奔走笔端，推陈出新，迥异常境。戴叔伦说："诗家之景，如蓝田日暖，良玉生烟，可望而不可置于眉睫之间。"可望而不可置于眉睫之间，就是说艺术的意境要和吾人具有相当距离，迷离惝恍，构成独立自足，刊落凡近的美的意象，才能象征那难以言传的深心里的情和境。

所以最高的文艺表现，宁空毋实，宁醉毋醒。西洋最清醒的古典意境，希腊雕刻，也要在圆浑的肉体上留有清癯而不十分充满的境地，让人们心中手中波动一痕相思和期待。阿波罗神像在他极端清朗秀美的面庞上，仍流动着沉沉的梦意在额眉眼角之间。

杜甫诗云"篇终接混茫"，有尽的艺术形象，须映在"无尽"的和"永恒"的光辉之中，"言在耳目之内，情寄八荒之表"。一切生灭相，都是"永恒"的和"无尽"的象征。屈原、阮籍、左太冲、李白、杜甫，都曾登高望远，情寄八荒。陶渊明诗云"愿言蹑清风，高举寻吾契"，也未尝没有这"登高望所思"（阮籍诗句）的浪漫情调。但是他又说："即事如已高，何必升华嵩？"这却是儒家的古典精神。这和他的"结庐在人境，而无车马喧"，同样表现出他那"即平凡即圣境"的深厚的人生情趣。无怪他"即事多所欣"，而深深地了解孔、颜的乐处。

中国的诗人画家善于体会造化自然的微妙的生机动态。徐迪功所谓"朦胧萌坼，浑沌贞粹"的境界。画家发明水墨法，是想追蹑这朦胧萌坼的神化的妙境。米友仁（宋画家）自题《潇湘图》云："夜雨欲霁，晓烟既泮，则其状类此。"韦苏州（唐诗人）诗云"微雨夜来过，不知春草生"，都能深入造化之"几"，而以诗画表露出来。这种境界是深静的，是哲理的，是偏于清醒的，和《古诗十九首》的苍茫踌躇，百端交集，大不相同。然而同是人生的深境，同需要象征手法才能表达出来。

叶燮在《原诗》里说得好："要之，作诗者实写理、事、情，可以言言，可以解解，即为俗儒之作。唯不可名言之理，不可施见之事，不可径达之情，则幽渺以为理，想象以为事，惝恍以为情，方为理至、事至、情至之语。"又说："可言之理，人人能言之，又安在诗人之言之！可征之事，人人能述之，又安在诗人之述之！必有不可言之理，不可述之事，遇之于默会意象之表，而理与事无不灿然于前者也。"

他这话已经很透彻地说出文艺上象征境界的必要，以及它的技术，即"幽渺以为理，想象以为事，惝恍以为情"，然后运用声调、词藻、色彩，巧妙地烘染出来，使人默会于意象之表，寄托深而境界美。

（原载上海《观察》第三卷第二期，1947年9月6日出版）

歌德之人生启示

人生是什么？人生的真相如何？人生的意义何在？人生的目的是何？这些人生最重大、最中心的问题，不只是古来一切大宗教家、哲学家所殚精竭虑以求解答的。世界上第一流的大诗人凝神冥想，探入灵魂的幽邃，或纵身大化中，于一朵花中窥见天国，一滴露水参悟生命，然后用他们生花之笔，幻现层层世界，幕幕人生，归根也不外乎启示这生命的真相与意义。宗教家对这些问题的方法与态度是预言的说教的。哲学家是解释的说明的。诗人文豪是表现的启示的。荷马的长歌启示了希腊艺术文明幻美的人生与理想。但丁的《神曲》启示了中古基督教文化心灵的生活与信仰。莎士比亚的剧本表现了文艺复兴时人们的生活矛盾与权力意志。至于近代的，建筑于这三种文明精神之上而同时开展一个新时代。所谓近代人生，则由伟大的歌德，以他的人格、生活、作品表现出它的特殊意义与内在的问题。

歌德对人生的启示有几层意义，几个方面。就人类全体讲，他的人格与生活可谓极尽了人类的可能性。他同时是诗人、科学家、政治家、思想家，他也是近代泛神论信仰的一个伟大的代表。他表现了西方文明自强不息的精神，又同时具有东方乐天知命、宁静致远的智慧。德国哲学家息默尔（Simmel）说："歌德的人生所以给我们以无穷兴奋与深沉的安慰的，就是他只是一个人，他只是极尽了人性，但却如此伟大，使我们对人类感到有希望，鼓动我们努力向前做一个人。"我们可以说歌德是世界一扇明窗，我们由他窥见了人生生命永恒、幽邃、奇丽、广大的天空！

再狭小范围，就欧洲文化的观点说，歌德确是代表文艺复兴以后近代人的心灵生活及其内在的问题。近代人失去了希腊文化中人与宇宙的谐和，又失去了基督教对一超越上帝虔诚的信仰。人类精神上获得了解放，得着了自由；但也就同时失所依傍，彷徨摸索，苦闷，追求，欲在生活本身的努力中寻得人生的意义与价值。歌德是这时代精神伟大的代表，他的主著《浮士德》是这人生全部的反映与其问题的解决（现代哲学家斯宾格勒在他的名著《西方文化之衰落》中，名近代文化为浮士德文化）。歌德与其替身浮士德一生生活的内容就是尽量体验这近代人生特殊的精神意义，了解其悲剧而努力以解决其问题，指出解救之道。所以有人称他的《浮士德》是近代人的《圣经》。

但歌德与但丁、莎士比亚不同的地方，就是他不单是由作品里启示我们人生真相，尤其在他自己的人格与生活中表现了人生广大精微的义谛。所以我们也就从两方面去接受歌德对于人类的贡献：（一）从他的人格与生活，了解人生之意义；（二）从他的文艺作品，欣赏人生真相之表现。

一 歌德人格与生活之意义

比学斯基（Bielsehowsky）在《歌德传记·导论》中分析歌德人格的特性，描述他生活的丰富与矛盾，最为详尽（见拙译《歌德论》）。但这个矛盾、丰富的人格终是一个谜。所谓谜，就是这些矛盾中似乎潜伏着一个道理，由这个道理我们可以解释这个谜，而这个道理也就是构成这个谜的原因。我们获着这个道理解释了这谜，也就可说是懂了那谜的意义。歌德生活中之矛盾复杂最使人有无穷的兴趣去探索他人格与生活的意义，所以人们关于歌德生活的研究与描述异常丰富，超过世界任何文豪。近代德国哲学家努力于歌德人生意义的探索者尤多，如息默尔、黎卡特（Rickert）、龚多夫（Gundolf）、寇乃曼（Küehnemann）、可尔夫（Korff）等等，尤以可尔夫的研究颇多新解。我们现在根据他们的发挥，略参个人的意见，叙述于后。

我们先再认清这歌德之谜的真面目：第一个印象就是

歌德生活全体的无穷丰富；第二个印象是他一生生活中一种奇异的谐和；第三个印象是许多不可思议的矛盾。这三个相反的印象却是互相依赖，但也使我们表面看来，没有一个整个的歌德而呈现无数歌德的图画。首先有少年歌德与老年歌德之分。细看起来，可以说有一个莱布齐希大学学生的歌德，有一个少年维特的歌德，有一个魏玛朝廷的歌德，有一个意大利旅行中的歌德，与希勒交友时的歌德，与艾克曼谈话中的哲人歌德。这就是说歌德的人生是永恒变迁的，他当时的朋友都有此感，他与朋友爱人间的种种误会与负心皆由于此。人类的生活本都是变迁的，但歌德每一次生活上的变迁就启示一次人生生活上重大的意义，而留下了伟大的成绩，为人生永久的象征。这是什么缘故？因歌德在他每一种生活的新倾向中，无论是文艺政治科学或恋爱，他都是以全副精神整个人格浸沉其中；每一种生活的过程里都是一个整个的歌德在内。维特时代的歌德完全是一个多情善感热爱自然的青年，著《伊菲格尼》（*Iphigenie*）的歌德完全是个清明儒雅，徘徊于罗马古墟中希腊的人。他从人性之南极走到北极，从极端主观主义的少年维特走到极端客观主义的伊菲格尼，似乎完全两个人。然而每个人都是新鲜活泼原版的人。所以他的生平给予我们一种永久青春永远矛盾的感觉。歌德的一生并非真是从迷途错误走到真理，乃是继续地经历全人生各式的形态。他在《浮士德》中说："我要在内在的自我中深深领略，领略全人类所赋有的一切。最崇高的最深远的我都要了解。我要把全人类的苦乐堆积在我的胸心，我的小我，便扩大成为全人类的大我。我愿和全人类一样，最后归于消灭。"这样伟大勇敢的生命肯定，使他穿历人生的各阶段，而每阶段都成为人生深远的象征。他不只是经过少年诗人时期，中年政治家时期，老年思想家、科学家时期，就在文学上他也是从最初罗珂珂式的纤巧到少年维特的自然流露，再从意大利游后古典风格的写实到老年时《浮士德》第二部象征的描写。

他少年时反抗一切传统道德势力的缚束，他的口号"情感是一切！"老年时尊重社会的秩序与礼法，重视克制的道德。他的口号"事业是一切！"在对人接物方面，少年歌德是开诚坦率热情倾倒地待人。在老年时则严肃令人难以亲近。在政治方面，少年的大作中"瞿支"（Goetz）临死时口中喊着"自由"。而老年歌德对法国大革命中的残暴深为厌恶，赞美拿破仑重给欧洲以秩序。在恋爱方面，因各时期之心灵需要，舍弃最知心、最有文化的十年女友石坦因夫人而娶一个无知识、无教育、纯朴自然的扎花女子。歌德生活是努力不息，但又似乎毫无预计，听机缘与命运之驱使。所以有些人悼惜歌德荒废太多时间做许多不相干的事，像绘画，政治事务，研究科学，尤其是数十年不断的颜色学研究。但他知道这些"迷途""错道"是他完成他伟大人性所必经的。人在"迷途中努力,终会寻着他的正道"。

歌德在生活中所经历的"迷途"与"正道"表现于一个最可令人注意的现象。这现象就是他生活中历次的"逃走"。他的逃走是他浸沉于一种生活方向将要失去了自己时,猛然地回头,突然地退却,再返于自己的中心。他从莱布齐希大学身心破产后逃回故乡,他历次逃开他的情人弗利德利克、绿蒂、丽莉等,他逃到魏玛,又逃脱魏玛政务的压迫走入意大利艺术之宫。他又从意大利逃回德国。他从文学逃入政治,从政治逃入科学。老年时且由西方文明逃往东方,借中国、印度、波斯的幻美热情以重振他的少年心。每一次逃走,他新生一次,他开辟了生活的新领域,他对人生有了新创造新启示。他重新发现了自己,而他在"迷途"中的经历已丰富了深化了自己。他说:"各种生活皆可以过,只要不失去了自己。"歌德之所以敢于全心倾注于任何一种人生方面,尽量发挥,以致有伟大的成就,就是因为他自知不会完全失去了自己,他能在紧要关头逃走退回他自己的中心。这是歌德一生生活的最大的秘密。但在这个秘密背后伏有更深的意义。我们再进一步研究之。

歌德在近代文化史上的意义可以说,他带给近代人生一个新的生命情绪。在少年时他已自觉是个新的人生宗教的预言者。他早期文艺的题目大都是人类的大教主如普罗美修斯[1]（Prometheus）、苏格拉底、基督与摩哈默德。

这新的生命情绪是什么呢？就是"生命本身价值的肯定"。基督教以为人类的灵魂必须赖救主的恩惠始能得救，获得意义与价值。近代启蒙运动的理知主义则以为人生须服从理性的规范，理智的指导，始能达到高明的合理的生活。歌德少年时即反抗十八世纪一切人为的规范与法律。他的《瞿支》是反抗一切传统政治的缚束；他的维特是反抗一切社会人为的礼法，而热烈崇拜生命的自然流露。一言蔽之，一切真实的、新鲜的、如火如荼的生命，未受理知文明矫揉造作的原版生活，对于他是世界上最可宝贵的东西。而这种天真活泼的生命他发现于许多绚漫而朴质如花的女性。他作品中所描写的绿蒂、玛甘泪、玛丽亚等，他自身所迷恋的弗利德利克、丽莉、绿蒂等，都灿烂如鲜花而天真活泼、朴素温柔，如枝头的翠鸟。而他少年作品中这种新鲜活跃的描写，将妩媚生命的本体熠烁在读者眼前，真是在他以前的德国文学所未尝梦见的，而为世界文学中的粒粒晶珠。

这种崇拜真实生命的态度也表现于他对自然的顶礼。他一七八二年的《自然赞歌》可为代表，译其大意如下：

---

[1] 普罗美修斯：又译作普罗米修斯、卜罗米陀斯等。——编者

> 自然，我们被他包围，被他环抱；无法从他走出，也无法向他深入。他未得请求，又未加警告，就携带我们加入他跳舞的圈子，带着我们动，直待我们疲倦极了，从他臂中落下。他永远创造新的形体，去者不复返，来者永远新，一切都是新创，但一切也仍旧是老的。他的中间是永恒的生命，演进，活动。但他自己并未曾移走。他变化无穷，没有一刻的停止。他没有留恋的意思，停留是他的诅咒，生命是他最美的发明，死亡是他的手段，以多得生命。

歌德这时的生命情绪完全是浸沉于理性精神之下层的永恒活跃的生命本体。

但说到这里，在我们的心影上会涌现出另一个歌德来。而这歌德的特征是谐和的形式，是创造形式的意志。歌德生活中一切矛盾之最后的矛盾，就是他对流动不居的生命与圆满谐和的形式有同样强烈的情感。他在哲学上固然受斯宾诺查泛神论的影响；但斯宾诺查所给予他的仍是偏于生活上道德上的受用，使他紊乱烦恼的心灵得以入于清明。以大宇宙中永恒谐和的秩序整理内心的秩序，化冲动的私欲为清明合理的意志。但歌德从自己的活跃生命所体验的，动的创造的宇宙人生，则与斯宾诺查倾向机械论与几何学的宇宙观迥然不同。所以歌德自己的生活与人格却是实现了德国大哲学家莱布理治[1]（Leibniz）的宇宙论。宇宙是无数活跃的精神原子，每一个原子顺着内在的定律，向着前定的形式永恒不息地活动发展，以完成实现它内潜的可能性，而每一个精神原子是一个独立的小宇宙，在它里面像一面镜子反映着大宇宙生命的全体。歌德的生活与人格不是这样一个精神原子吗？

生命与形式，流动与定律，向外的扩张与向内的收缩，这是人生的两极，这是一切生活的原理。歌德曾名之宇宙生命的一呼一吸。而歌德自己的生活实在象征了这个原则。他的一生，他的矛盾，他的种种逃走，都可以用这个原理来了解。当他纵身于宇宙生命的大海时，他的小我扩张而为大我，他自己就是自然，就是世界，与万物为一体。他或者是柔软地像少年维特，一花一草一树一石都与他的心灵合而为一，森林里的飞禽走兽都是他的同胞兄弟。他或者刚强地察觉着自己就是大自然创造生命之一体，他可以和地神唱道：

生潮中，业浪里，

---

[1] 莱布理治：今译为莱布尼茨（Gottfried Wilhelm von Leibniz，1646—1716），德国哲学家、数学家、自然科学家。主要著作有《形而上学谈话》《人类理智新论》《神正论》《单子论》《以理性为基础的自然和神恩的原则》等。——编者

淘上复淘下，
浮来又浮去！
生而死，死而葬，
一个永恒的大洋，
一个连续的波浪，
一个有光辉的生长，
我架起时辰的机杼，
替神性制造生动的衣裳。

——郭沫若译《浮士德》

但这生活片面的扩张奔放是不能维持的，一个个体的小生命更是会紧张极度而趋于毁灭的。所以浮士德见地神现形那样的庞大，觉得自己好像侏儒一般，他的狂妄完全消失：

我，自以为超过了火焰天使，
已把自由的力量使自然甦生，
满以为创造的生活可以俨然如神！
啊，我现在是受了个怎样的处分！
一声霹雳把我推堕了万丈的深坑。
……
哦！我们的努力自身，如同我们的烦闷，

一样地阻碍着我们生长的前程。

——郭沫若译《浮士德》

生命片面的努力伸张反要使生命受阻碍，所以生命同时要求秩序，形式，定律，轨道。生命要谦虚，克制，收缩，遵循那支配万有主持一切的定律，然后才能完成，才能使生命有形式，而形式在生命之中：

> 依着永恒的，正直的
> 伟大的定律，
> 完成着
> 我们生命的圈。
>
> ——《神性》

> 一个有限的圈子
> 范围着我们的人生，
> 世世代代
> 排列在无尽的生命的链上。
>
> ——《人类之界限》

生命是要发扬，前进，但也要收缩，循轨。一部生命的历史就是生活形式的创造与破坏。生命在永恒的变化之中，形式也在永恒的变化之中。所以一切无常，一切无住，我们的心，我们的情，也息息生灭，逝同流水。向之所欣，俯仰之间，已成陈迹。这是人生真正的悲剧，这悲剧的源泉就是这追求不已的自心。人生在各方面都要求着永久；但我们的自心的变迁使没有一景一物可以得暂时的停留，人生飘堕在滚滚流转的生命海中，大力推移，欲罢不能，欲留不许。这是一个何等的重负，何等的悲哀烦恼。所以浮士德情愿拿他的灵魂的毁灭与魔鬼打赌，他只希望能有一个瞬间的真正的满足，俾他可以对那瞬间说："请你暂停，你是何等的美呀！"

由这话看来，一切无常的主因是在我们自心的无常，心的无休止的前进追求，不肯暂停留恋。人生的悲剧正是在我们恒变的心情中，歌德是人类的代表，他感到这人生的悲剧特别深刻，他的一生真是息息不停的追求前进，变向无穷。这心的变迁使他最感着苦痛负咎的就是他恋爱心情的变迁，他一生最热烈的恋爱都不能久住，他对每一个恋人都是负心，这种负心的忏悔自诉是他许多最大作品的动机与内容。剧本《瞿支》中，魏斯林根背弃玛丽亚；剧本《浮士德》中，浮士德遗弃垂死的玛甘泪于狱中，是歌德最明显最沉痛的自诉。但他的生命情绪不停留的前进使他不能不负心，使他不能安于一范围，狭于一境界而不向前开辟生活的新领域。所以歌德无往而不负心，他弃掉法律投入文学，弃掉文学投入政治，又逃脱政治走入艺术科学，他若不负心，他不能尝遍全人生的各境地，完成一个最人性的人格。他说：

你想走向无尽么？
你要在有限里面往各方面走！

然而这个负心现象，这个生活矛盾，终是他生活里内在的悲剧与问题，使他不能不努力求解决的。这矛盾的调解，心灵负咎的解脱，是歌德一生生活之意义与努力。再总结一句，歌德的人生问题，就是如何从生活的无尽流动中获得谐和的形式，但又不要让僵固的形式阻碍生命前进的发展。这个一切生命现象中内在的矛盾，在歌德的生活里表现得最为深刻。他的一切大作品也就是这个经历的供状。我们现在再从歌德的文艺创作中去寻歌德的人生启示与这问题最后的解答。

二　歌德文艺作品中所表现的人生与人生问题

我们说过，歌德启示给我们的人生是扩张与收缩，生命与形式，流动与定律；是情感的奔放与秩序的严整，是纵身大化中与宇宙同流，但也是反抗一切的阻碍压迫以自成一个独立的人格形式。他能忘怀自己，倾心于自然，于事业，于恋爱；但他又能主张自己，贯彻自己，逃开一切的包围。歌德心中这两个方面表现于他生平一切的作品中。

他的剧本《瞿支》《塔索》，他的小说《少年维特之烦恼》，是表现生命的奔放与倾注，破坏一切传统的秩序与形式。他的《伊菲格尼》与叙事诗《赫尔曼与多罗蒂》[1]等，则内容外形都表现最高的谐和节制，以圆融高朗的优美的形式调解心灵的纠纷冲突。在抒情诗中他的《卜罗米陀斯》是主张人类由他自己的力量创造他的生活的领域，不需要神的援助，否认神的支配，是近代人生思想中最伟大的一首革命诗。但他在《人类之界限》及《神性》等诗中则又承认宇宙间含有创造一切的定律与形式，人生当在永恒的定律与前定的形式中完成他自己；但人生不息的前进追求，所获得的形式终不能满足，生活的苦闷由此而生。这个与歌德生活中心相终始的问题，则表现于他毕生的大作《浮士德》中。《浮士德》是歌德全部生活意义的反映，歌德生命中最深的问题于此表现，也于此解决，我们特别提出研究之。

浮士德是歌德生命情绪最纯粹的代表。《浮士德》戏剧最初本，所谓"原始浮士德"的基本意念是什么？在他下面的两句诗：

---

[1]《赫尔曼与多罗蒂》：又译作《赫尔曼与多罗西》。——编者

我有敢于入世的胆量，

下界的苦乐我要一概担当。

浮士德人格的中心是无尽的生活欲与无尽的知识欲。他欲呼召生命的本体，所以先用符咒呼召宇宙与行为的神。神出现后，被神呵斥其狂妄，他认识了个体生命在宇宙大生命面前的渺小。于是乃欲投身生命的海洋中体验人生的一切。他肯定这生命的本身，不管他是苦是乐，超越一切利害的计较，是有生活的价值的，是应当在他的中间努力寻得意义的。这是歌德的悲壮的人生观，也是他《浮士德》诗中的中心思想。浮士德因知识追求的无结果，投身于现实生活，而生活的顶点，表现于恋爱，但这恋爱生活成了悲剧。生活的前进不停，使恋爱离弃了浮士德，而浮士德离弃了玛甘泪，生活成了罪恶与苦痛。《浮士德》的剧本从原始本经过一七九〇年的残篇以至第一部完成，他的内容是肯定人生为最高的价值，最高的欲望，但同时也是最大的问题。初期的《浮士德》剧本之结局，窥歌德之意是倾向纯悲剧的。人生是将由他内在的矛盾，即欲望的无尽与能力的有限，自趋于毁灭，浮士德也将由生活的罪过趋于灭亡，生活并不是理想而为诅咒。但歌德自己生活的发展使问题大变，他在意大利获得了生命的新途径，而剧本中的浮士德也将得救。在一七九七年的《浮士德》中的天上序幕里，魔鬼靡非斯陀诅咒人生真如歌德自己原始的意思，但现在则上帝反对靡非斯陀的话，他指出那生活中问题最多最严重的浮士德将终于得救。这个歌德人生思想的大变化最值得注意，是我们了解浮士德与歌德自己的生活最重要的钥匙。

我们知道"原始浮士德"的生活悲剧，他的苦痛，他的罪过，就是他自己心的恒变，使他对一切不能满足，对一切都负心。人生是个不能息肩的重负，是个不能驻足的前奔。这个可诅咒的人生，在歌德生活的进展中忽然得着价值的重新估定。人生最可诅咒的永恒流变一跃而为人生最高贵的意义与价值。人生之得以解救，浮士德之得以升天，正赖这永恒的努力与追求。浮士德将死前，说出他生活的意义是永远的前进：

> 在前进中他获得苦痛与幸福，
> 他这没有一瞬间能满足的。

而拥着他升天的天使们也唱道：

> 唯有不断的努力者
> 我们可以解脱之！

原本是人生的诅咒,那不停息的追求,现在却变成了人生最高贵的印记。人生的矛盾、苦痛、罪过在其中,人生之得救也由于此。

我们看浮士德和魔鬼靡非斯陀订契约的时候,他是何等骄傲于他的苦闷与他的不满足。他说他愿毁灭自己,假使人生能使他有一瞬间的满足而愿意暂停留恋。靡非斯陀起初拿浅薄的人世享乐来诱惑他,徒然使他冷笑。

以前他愿意毁灭,因为人生无价值;现在他宁愿毁灭,假使人生能有价值。这是很大的一个差别,前者是消极的悲观,后者是积极的悲壮主义。前者是在心理方面,认识一切美境之必然消逝;后者是在伦理方面,肯定这不停息的追求是人生之意义与价值。将心理的必然变迁改造成意义丰富的人生进化,将每一段的变化经历包含于后一段的演进里,生活愈益丰富深厚,愈益广大高超,像歌德从科学、艺术、政治、文学以及各种人生经历,以完成他最后博大的人格。歌德的象征浮士德也是如此。他经过知识追求的幻灭走进恋爱的罪过,又从真美的憧憬走回实际的事业。每一次的经历并不是消磨于无形,乃是人格演进完成必要的阶石:

你想走向无尽么?
你要在有限里面往各方面走!

有限里就含着无尽，每一段生活里潜伏着生命的整个与永久。每一刹那都须消逝，每一刹那即是无尽，即是永久。我们懂了这个意思，我们任何一种生活都可以过，因为我们可以由自己给予它深沉永久的意义。《浮士德》全书最后的智慧即是：

　　一切生灭者，
　　皆是一象征。

在这些如梦如幻、流变无常的象征背后，潜伏着生命与宇宙永久深沉的意义。
现在我们更可以了解人生中的形式问题。形式是生活在流动进展中每一阶段的综合组织，它包含过去的一切，成一音乐的和谐。生活愈丰富，形式也愈重要。形式不但不阻碍生活，限制生活，乃是组织生活，集合生活的力量。老年的歌德因他生活内容过分的丰富，所以格外要求形式、定律、克制、宁静，以免生活的分崩而求谐和的保持。这谐和的人格是中年以后的歌德所兢兢努力唯恐或失的。他的诗句：

　　人类孩儿最高的幸福
　　就是他的人格！

流动的生活演进而为人格,还有一层意义,就是人生的清明与自觉的进展。人在世界经历中认识了世界,也认识了自己。世界与人生渐趋于最高的和谐。世界给予人生以丰富的内容,人生给予世界以深沉的意义。这不是人生问题可能的最高的解决吗?这不是文艺复兴以来,人类失了上帝,失了宇宙,从自己的生活的努力中,所能寻到的人生意义吗?

浮士德最初欲在书本中求智慧,终于在人生的航行中获得清明。他人生问题的解决我们可以说:

> 人当完成人格的形式而不失去生命的流动!生命是无尽的,形式也是无尽的,我们当从更丰富的生命去实现更高一层的生活形式。

这样的生活不是人生所能达到的最高的境地吗?我们还能说人生无意义无目的吗?歌德说:

> 人生,无论怎样,他是好的!

歌德的人生启示固然以《浮士德》为中心,但他的其他创作都是这种生活之无限肯定的表现。尤其是他的抒情诗,完全证实了我们前面所说的歌德生活的特点:

他一切诗歌的源泉，就是他那鲜艳活泼、如火如荼的生命本体。而他诗歌的效用与目的却是他那流动追求的生命中所产生的矛盾、苦痛之解脱。他的诗，一方面是他生命的表白，自然的流露，灵魂的呼喊，苦闷的象征。他像鸟儿在叫，泉水在流。他说："不是我做诗，是诗在我心中歌唱。"所以他诗句的节律里跳动着他自己的脉搏，活跃如波澜。他在生活憧憬中陷入苦闷纠缠，不能自拔时，他要求上帝给他一支歌，唱出他心灵的沉痛，在歌唱时他心里的冲突的情调，矛盾的意欲，都醇化而升入节奏、形式，组合成音乐的谐和。混乱浑沌的太空化为秩序井然的宇宙，迷途苦恼的人生获得清明的自觉。因为诗能将他纷扰的生活与刺激他生活的世界，描绘成一幅境界清朗、意义深沉的图画（《浮士德》就是这样一幅人生图画）。这图画纠正了他生活的错误，解脱了他心灵的迷茫，他重新得到宁静与清明。但若没有热烈的人生，何取乎这高明的形式。所以我们还是从动的方面去了解他诗的特色。歌德以外的诗人的写诗，大概是这样：一个景物、一个境界、一种人事的经历，触动了诗人的心。诗人用文字、音调、节奏、形式，写出这景物在心情里所引起的澜漪。他们很能描绘出历历如画的境界，也能表现极其强烈动人的情感。但他们一面写景，一面叙情，往往情景成了对待。且依人类心理的倾向，喜欢写景如画，这就是将意境景物描摹得线清条楚、轮廓宛然，恍如目睹的对象。人类之诉说内心，也喜欢缕缕细述，说出心情的动机原委。虽莎士比亚、但丁的抒情诗，尽管他们描绘的能力与情感的白热，有时超过歌德，但他们仍未能完全脱离这种态度。歌德在人类抒情诗上的特点，就是根本打破心与境的对待，取消歌咏者与被歌咏者中间的隔离。他不去描绘一个景；而景物历落飘摇，浮沉隐显在他的词句中间。他不愿直说他的情意；而他的情意缠绵，婉转流露于音韵节奏的起落里面。他激昂时，文字境界节律音调无不激越兴起；他低徊留恋时，他的歌辞如泣如诉，如怨如慕，令人一往情深，不能自已，忘怀于诗人与读者之分。王国维先生说诗有隔与不隔的差别，歌德的抒情诗真可谓最为不隔的。他的诗中的情绪与景物完全融合无间，他的情与景又同词句音节完全融合无间，所以他的诗也可以同我们读者的心情完全融合无间，极尽浑然不隔的能事。然而这个心灵与世界浑然合一的情绪是流动的、缥缈的、绚漫的、音乐的；因世界是动，人心也是动，诗是这动与动接触会合时的交响曲。所以歌德诗人的任务首先是努力改造社会传统的，用旧了的文字词句，以求能表现出这新的动的人生与世界。原来我们人类的名词概念文字，是我们把捉这流动世界万事万象的心之构造物；但流动不居者难以捉摸，我们人类的思想语言天然的倾向于静止的形态与轮廓的描绘，历时愈久，文字愈抽象，并这描绘轮廓的能力也将失去,遑论做心与景合一的直接表现。歌德是文艺复兴以来近代的流动追求的人生最伟大的代表(所谓浮士德精神)。他的生命,他的世界是激越的动,所以他格外感到传统文字不足以写这纯动的世界。于是他这位世界最伟大的语言创造的天才,在德国文字中创造了不可计数的新字眼,新句法,以写出他这新的动的生命情绪。[歌德他不仅是德国文学上最大诗人,而且是马丁·路德以后创新德国文字最重大的人物。现代继起努力创新与美化德国文字的大诗人是斯蒂芬·盖阿格(Stefan George)。]他变化无数的名词为动词,又化此动词为形容词,以形容这流动不居的世界。例如"塔堆的巨人"(形容大树)、"塔层的远"、"影阴着的湾"、"成熟中的果"等等,不胜枚举,且不能译。他又融情入景,化景为情,融合不同的感官铸成新字以写难状之景,难摹之情。因为他是以一整个的心灵体验这整个的世界(新字如"领袖的步""云路""星眼""梦的幸福""花梦"等等,也是不能有确切的中译,虽然诗意发达极高的中国文词颇富于这类字眼),所以他的每一首小诗都荡漾在一种浩瀚流动的气氛中,像宋元画中的山水。不过西方的心灵更倾向于活动而已。我们举他一首《湖上》诗为例。歌德的诗是不能译的,但又不能不勉强译出,力求忠于原诗,供未能读原文者参考。

湖上[1]

并且新鲜的粮食,新鲜的血,
我吸取自自由的世界:
自然何等温柔,何等的好,
将我拥在怀抱。
波澜摇荡着小船
在击桨声中上前,
山峰,高插云霄,
迎着我们的水道。

眼睛,我的眼睛,你为何沉下了?
金黄色的梦,你又来了?
去罢,你这梦,虽然是黄金,
此地也有生命与爱情。

在波上辉映着
千万飘浮的星,
柔软的雾吸饮着
四围塔层的远。

---

[1] 1775年瑞士湖上作,时方逃出丽莉姑娘的情网。——原注

晓风翼覆了

影阴着的湾，

湖中影映着

成熟中的果。

　　开头"并且新鲜的粮食，新鲜的血，我吸取自自由的世界"就突然地拖着我们走进一个碧草绿烟柔波如语的瑞士湖上。开头两字用"并且"（德文Und即英文And）将我们读者一下子就放在一个整个的自然与人生的全景中间。"自然何等温柔，何等的好，将我拥在怀抱。"写大自然生命的柔静而自由，反观人在社会生活中受种种人事的缚束与苦闷，歌德自己在丽莉小姐家庭中礼仪的拘束与恋爱的包围，但"自然"是人类原来的故乡，我们离开了自然，关闭在城市文明中烦闷的人生，常常怀着"乡愁"，想逃回自然慈母的怀抱，恢复心灵的自由。"波澜摇荡着小船，在击桨声中上前"两句进一步写我们的状况。动荡的湖光中动荡的波澜，摇动着我们的小船，使我们身内身外的一切都成动象，而击桨的声音给予这流动以谐和的节奏。"上前"遥指那"山峰，高插云霄，迎着我们的水道"自然景物的柔媚，勾引心头温馨旖旎的回忆。眼睛低低沉下，金黄色的情梦又浮在眼帘。但过去的情景，转眼成空，不堪回首，且享受新获着的自由罢！自然的丽景展布在我们的面前:"在波上辉映着千万飘浮的星……"短短的几句写尽了归舟近岸时的烟树风光。全篇荡漾着波澜的闪耀,烟景的缥缈,心情的旖旎,自然与人生谐和的节奏。但歌德的生活仍是以动为主体,个体生命的动热烈地要求着与自然造物主的动相接触,相融合。这种向上追求的激动及与宇宙创造力相拥抱的情绪表现在《格丽曼》(*Ganymed*)(希腊神话中,格丽曼为一绝美的少年王子。天父爱惜之,遣神鹰攫去天空,送至阿林比亚神人之居)一诗中。

格丽曼

你在晓光灿烂中,

怎么这样向我闪烁,

亲爱的春天!

你永恒的温暖中,

神圣的情绪,

以一千倍的热爱

压向我的心,

你这无尽的美!

我想用我的臂,

拥抱着你!

啊,我睡在你的胸脯,
我焦渴欲燃,
你的花,你的草,
压在我的心前。
亲爱的晓风,
吹凉我胸中的热,
夜莺从雾谷里,
向我呼唤!
我来了,我来了,
到那里?到那里?

向上,向上去,
云彩飘流下来,
飘流下来,
俯向我热烈相思的爱!

向我,向我,
我在你的怀中上升!
拥抱着被拥抱着!
升上你的胸脯!

爱护一切的天父！

　　这首诗充分表现了歌德热情主义、唯动主义的泛神思想。但因动感的激越，放弃了谐和的形式而流露为生命表现的自由诗句，为近代自由诗句的先驱。然而这狂热活动的人生，虽然灿烂，虽然壮阔，但激动久了，则和平宁静的要求油然而生。这个在生活中侹偬不停的"游行者"也曾急迫地渴求着休息与和平：

游行者之夜歌（二首）

一

你这从天上来的
宁息一切烦恼与苦痛的；
给与这双倍的受难者
以双倍的新鲜的，
啊，我已倦于人事之侹偬！
一切的苦乐皆何为？
甜蜜的和平！
来啊，来到我的胸里！

二

一切山峰上
是寂静,
一切树杪中
感不到
些微的风;
森林中众鸟无音。
等着罢,你不久
也将得着安宁。

歌德是个诗人,他的诗是给予他自己心灵的烦扰以和平以宁静的。但他这位近代人生与宇宙动象的代表,虽在极端的静中仍潜示着何等的鸢飞鱼跃!大自然的山川在屹然峙立里周流着不舍昼夜的消息。

海上的寂静

深沉的寂静停在水上。
大海微波不兴。
船夫瞅着眼,
愁视着四面的平镜。

空气里没有微风!
可怕的死的寂静!
在无边寥廓里,
不摇一个波影。

这是歌德所写意境最静寂的一首诗。但在这天空海阔晴波无际的境界里绝不真是死,不是真寂灭。他是大自然创造生命里"一刹那倾静的假象"。一切宇宙万象里有秩序,有轨道,所以也启示着我们静的假象。

歌德生平最好的诗,都含蕴着这大宇宙潜在的音乐。宇宙的气息,宇宙的神韵,往往包含在他一首小小的诗里。但他也有几首人生的悲歌,如《威廉传》中《弦琴师》与《迷娘》(*Mignon*)的歌曲,也深深启示着人生的沉痛,永久相思的哀感:

弦琴师(歌曲)

谁居寂寞中?
嗟彼将孤独。
生人皆欢笑,
留彼独自苦。
嗟乎,请君让我独自苦!

我果能孤独,
我将非无侣。
情人偷来听,
所欢是否孤无侣?
日夜偷来寻我者,
只是我之忧,
只是我之苦。
一旦我在坟墓中,
彼始让我真无侣!

迷娘(歌曲)

谁人识相思?
乃解侬心苦,
寂寞而无欢,
望彼天一方,
爱我知我人,
呜呼在远方。
我头昏欲眩,
五脏焦欲燃,
谁解相思苦,
乃识侬心煎。

歌德的诗歌真如长虹在天，表现了人生沉痛而美丽的永久生命，它们也要求着永久的生存：

> 你知道，诗人的词句
> 飘摇在天堂的门前，
> 轻轻的叩着
> 请求永久的生存。

而歌德自己一生的猛勇精进，周历人生的全景，实现人生最高的形式，也自知他"生活的遗迹不致消磨于无形"。而他永恒前进的灵魂将走进天堂最高的境域，他想象他死后将对天门的守者说：

> 请你不必多言，
> 尽管让我进去！
> 因为我做了一个人，
> 这就说曾是一个战士！

1932年3月为歌德百年忌日写。
（原载1932年3月21日、28日，4月4日天津《大公报》文学副刊第220期、221期、222期）

歌德的《少年维特之烦恼》[1]

我们的世界是已经老了！在这世界中任重道远的人类已经是风霜满面，尘垢满身。他们疲乏的眼睛所看见的一切，只是罪恶，机诈，苦痛，空虚。但有时会有一位真性情的诗人出世，禀着他纯洁无垢的心灵，张着他天真莹亮的眼光，在这污浊的人生里重新掘出精神的宝藏，发现这世界崭然如新，光明纯洁，有如世界创造的第一日。这时不只我们的肉眼随着他重新认识了这个美洁庄严的世界，尤其我们的心情也会从根基深处感动得热泪迸流，就像浮士德持杯自鸩时猛听见教堂的钟声，重复感触到他童年的世界，因为他又来复了童年的天真！

少年歌德是这样的一个诗人，少年维特是这样的一个心灵。他是歌德人格中心一个方向的表现与结晶。所以《少年维特之烦恼》同《浮士德》一样，是歌德式的人生与

---

[1] 为1932年歌德百年祭而作。——作者原注

人格内在的悲剧，它不是一部普通的恋爱小说，它的价值，就基础于此。

我们知道歌德式的人生内容是生活力的无尽丰富，生活欲的无限扩张，彷徨追求，不能有一个瞬间的满足与停留。因此苦闷烦恼，矛盾冲突，而一个圆满的具体的美丽的瞬间，是他最大的渴望，最热烈的要求。

但是这个美满的瞬间设若果真获得了，占有了，则又将被他不停息的前进追求所遗弃，所毁灭，造成良心上的负疚，生活上的罪过。浮士德之对于玛甘泪就是这样的一出悲剧。这也就是歌德写《浮士德》的一大忏悔。但是设若这个美满的瞬间，浮在眼前，捕捉不住，种种原因，不能占有，而歌德式热狂的希求，不能自已，则终竟唯有如膏自焚，自趋毁灭，人格心灵的枯死，倒不在乎自杀不自杀的了。

《少年维特之烦恼》就是歌德在文艺里面发挥完成他自己人格中这一悲剧的可能性，以使自己逃避这悲剧的实现。歌德自己之不自杀，就因他在生活的奔放倾注中有悬崖勒马的自制，转变方向的逃亡。他能化泛滥的情感为事业的创造，以实践的行为代替幻想的追逐。

歌德生活的扩张，本有积极的与消极的两方面。积极的方面表现于反抗一切传统缚束以伸张自我的精神。这种精神所遇到的阻碍与悲剧表现于他的《瞿支》《卜罗米陀斯》

《格丽曼》等作品中，尤其在《浮士德》的第一幕因无限知识欲的不能满足而欲自杀，这是一个倔强者积极者的悲剧。而在少年维特则是歌德无尽的生活力完全溶化为情感的奔流，这热情的泛溢使他不能控制世界，控制自己，而毁灭了自己。

少年维特是世界上最纯洁、最天真、最可爱的人格，而却是一个从根基上动摇了的心灵。他像一片秋天的树叶，无风时也在战栗。这颗颤摇着的心，具有过分繁富的心弦，对于自然界人生界一切天真的音响，都起共鸣。他以无限温柔的爱笼罩着自然与人类的全部，一切尘垢不落于他的胸襟。他以真情与人共忧共喜，尤爱天真活泼的小孩与困苦中的人们。但他这个在生活中的梦想者，满怀清洁的情操，禀着超越的理想，他设若与这实际人事界相接触，他将以过分明敏的眼光，最深感觉的反应，惊讶这世界的虚伪与鄙俗。我们读少年维特的头几章，就会预感着这样的一个心灵是不能长存于这个坚硬冷酷的世界的。他一走进实际人生，必定要随处触礁而沉没的。少年维特的悲剧是个人格的悲剧，他纯洁热烈的人格情绪将如火自焚，何况还要遇着了绿蒂？

绿蒂是个与维特正相反的个性，她的幽娴贞静，动作的和谐，能在平凡狭小的生活中表现优美与和平；窈窕的姿态，使一切世俗琐碎皆化成和美的音乐。她的自足，她的圆满，虽然规模狭小，却与那在无尽追求中心灵不安定的维特成了个反衬。所以她成了维特漂泊人生中的仙岛，情海狂涛里的彼岸。他自己所最缺乏而希求不到的圆满宁静与和谐，于此具体实现。她是他解脱的导星，吸引向上的永久女性。而他的这个生活上唯一的希望，唯一的寄托，却可望而不可即，浮在眼前，却不能占有。心灵愈益彷徨憔悴，枯竭，则不死何待？

何况即使是美满的瞬间得以实现，而维特式歌德式向前无尽的追求终将不能满足，又将舍而之他，造成良心上的负疚，生活上的罪恶与苦痛，则浮士德的中心问题又来了！

所以《少年维特之烦恼》与《浮士德》同是歌德人格中心及其问题的表现。它不是一部普通的恋爱小说，它启示着人生深一层的境界与意义。我们现在再来看一看这本书的艺术方面。这本书是歌德从生活上的苦痛经历中一口气写出的。内容与体裁，形式与生命成一个整体。所以我们要知道了它内容的故事与故事中的意义，然后才能完全了解它艺术的外形。所以我们先叙述一下这本小说内容的大概，然后再观察它的体裁形式与描写的技术。

书中的主人是一个绝顶聪明、纯洁多情的少年，性质类似少年歌德，不过还更多感更温柔更软弱些。他的软弱并不是道德的自制的情操比他人不足，乃是热烈深挚的情绪与感受性过分的浓郁。他的愉快与痛苦都较常人深一层。他的热情已邻近疯狂。他像一个白日做梦者走过这世界，光明与惨暗都是他自己心情的反射。他爱天然，爱自由，爱真性情，爱美丽的幻想。他最恨的是虚伪的礼教，古板的形式，庸俗的成见。社会上的人物劳碌于琐碎无意义的事业，他都看不起。宇宙太伟大了，自然太美丽了，人为的一切，徒然缚束心灵，磨灭天性，算得什么？但他自己虽无兴趣于世俗琐事，却不是懒惰。他内心生活的飞跃，思想与情绪汹涌于胸际，息息不停。他的闲暇，全都用于观察一切，思索一切，尤在分析自己。——以至毁灭了自己！

在春光明媚的五月，这个光明美丽的心灵来到一个新鲜的客地。他完全浸沉于大自然的生命中，就像一只蝴蝶在香海里遨游。荷马的古典诗歌使他心地宁静庄严。小孩儿与平民的接触使他和悦天真。他的心情像一个春天的早晨，清朗而新鲜，精神愉快而纯洁，使我们读者也觉心花开放，感到一种青春光明的人生意义。在这少年心灵的太空中不是完全没有暗淡的愁云轻轻掠过，但他自信随时可以自由脱离尘世，不足为虑。然而我们已经感着他人格根性上的悲观，而一种不祥的预兆已触动我们的心。我们觉着这个可爱少年心灵的组织太纤细温柔了，是不宜于这世间的。

于是从五月到六月，他在一个跳舞会里认识了绿蒂，而他全部的灵魂一下子就堕入情网。他飘浮在恋爱的愉快中，也不管绿蒂是已经与人订了婚的。绿蒂的家庭与小孩儿们都欢迎他，他就无日不去陪伴她。他崇拜绿蒂如天人，一切与她接触过的，带着她的氛围气的，对于他都是神圣。这是他最光明最愉快的日子。自然界也以晴光暖翠掩映于他们的情爱中。但是到了七月终，绿蒂的未婚夫来了，维特从甜梦中惊醒，他想走开让他。但阿培尔是个好人，并不猜妒，对维特态度甚佳。于是维特自哄自地不听他朋友威廉的函劝，徘徊流连而不言去。

但是他以前纯真的天趣已渐失了，心胸里开始矛盾了，情感与理智开始冲突了。他还常往自然里走动，而这慈母的自然对于他已不复是宁静与安慰。以前大自然是个无尽生命新鲜活跃的场所，现在却变成了一座无边惨淡的无底坟墓。他认识了自己矛盾的现状，却没有力量超脱，只有望着黑暗的未来流泪。他已经想到自杀。在八月三十日写给威廉的信中说："我看这苦痛的终局只有坟墓。"他的朋友威廉劝他走开，他终于振作起来，于九月十一日离开他这快乐与烦恼的地方。这是第一篇的终结。第二篇开始——十月二十日——维特在使馆里任职了。他过得很好。远离着绿蒂，有秩序的工作使他心灵和静。但又来了别的刺激使他不快。公使是个拘谨执着的人，他不满意维特文字的自由风格，他要维特修改他的句法。他表示得很不客气，这种贵族社会里的浅薄、傲慢的等级观念，使他难堪。于是一年过了，在第二年的二月间他得知阿培尔与绿蒂的结婚，他写了一封很有礼很同情的信贺他们，他只希望在绿蒂的心中占第二座位置。我们对于他觉得很有希望。但到了三月的中间一种意外的事情使他非常难受，极端损害他的自尊心。有一位伯爵请他去吃午饭，饭后他谈话流连不知去，不觉到了晚间。他陪着一位他很乐意陪的小姐在客厅里。而晚间伯爵是宴请一班贵族社会的客人，伯爵见维特忘形不去，只好催他走开。这种事情立刻传播于宴会间，而那位小姐的姑母很责备她不应下交维特。维特受了这个刺激，就向使馆辞职。他本来是不宜于这个社会这种职业的，何况又受了这个侮辱，他失恋的心情又加上自尊心的损害真是不堪的了。

于五月间应了一位公爵的召请投奔于他，而公爵待他虽很好，却是一位庸俗无味的人。他感到异常无聊。他想去从军而公爵劝阻了他。他留住下过了六月，终于顺从心的不可抵抗的要求，奔赴着旧的命运，他回往绿蒂处！

绿蒂与阿培尔很欢迎他，但是他发现这个世界已大变了，因为他现在的心情不复是从前的心情了，自然界对于他不复是活跃和谐的生命，而变成类似剧台上机械的布景。他自己丰富美丽的心泉已经枯竭。荷马诗里光明的世界已不感兴趣，而爱浸沉于变相的哀调中寂寞惨淡暗雾朦胧的北欧诗境。绿蒂与阿培尔幸福吗？阿培尔愈过愈成一个干燥，拘束，在繁多职务里烦闷的人。绿蒂做了一个忠实干练的家庭主妇。她也觉得维特心灵的灰暗，不能复得愉快的共鸣。她谨守着她的内心情感，不使流露于外。维特以极注意极灵敏的感觉捕捉绿蒂无意中表现的同情，就像一个沉没海水中的人挣命捉住一点木板，绿蒂的同情与了解是他世界中唯一的安慰、唯一的依赖。他更不能离开这个地方了。他的前途十分渺茫，他在社会上的地位与自尊心已经破灭。生活的力量已经颓丧，恋爱已经绝望。心灵的枯死，仅待肉体的自杀了。自杀的念头日强一日，对自杀感到有神圣的光辉。自杀是解脱肉体返归于万有的慈父唯一的出路。于是经过十一月及十二月的大半，外界景象愈枯寂、暗淡，心里更抱死念。他意已决了！但头一天尚欲见绿蒂一面。他碰着她一个人在屋内，使她非常不安。为着排遣此紧张的可怕的时间，她请他译读莪相的哀歌。可尔玛与阿尔品悼亡的哀调使他们泪如泉涌。稍停一会儿，再继续念道：

> 我的哀时已近，
> 狂风将到，
> 吹打我的枝叶飘零！

明朝有位行人，
他是见过我韶年时分，
他会来，会来，
他的眼儿在这原野中四处把我找寻，
可是我已无踪影……

这诗句的凄哀正映着他自己的命运，他完全失了自制力，他失望到了极点，他跪倒在绿蒂的面前，紧握她的两手，压着自己的眼睛与头额。绿蒂伤心而怜惜着他，俯身就他，而他就发狂拥着她接吻，庄重的绿蒂推开了他，他于次晚自杀。

我们以紧张的同情读完这本朴质凄美的长诗，一个高尚热情的青年，在我们眼前顺着他内心的命运毁灭了自己。我们二十世纪唯物冷静的头脑读了也要感动，何况多情伤感的狂飙时代！

但是这书内容的人生表现固然有甚深的意义，不是一部平常恋爱小说，然若非诗人用他精妙而极自然的艺术描写，也不能成功这本空前的杰作。我们现在再从艺术方面观察这书：

我们先研究这书的体裁形式。——全书是写一个青年内心生活的发展，自然界的种种都是这内心的反映，所以这本书写的是一幅一幅心灵的图画，情绪的音乐。内心生活固然紧张，但若欲写一个剧本，则嫌书中主角不是一个对世界或命运的强力挣扎或抵抗者，戏剧式的冲突与纠纷尚嫌不足。这书的内容最富有抒情的诗意，但若欲写成一篇诗，则这故事中又确有一个中心的冲突与纠纷（恋爱与道义，个性与社会，人格与世界的冲突）。这书的主体仍是一个crisis，况歌德的抒情诗，纯然是心情状态之外化为音调词句，是表现恋爱已得的愉快，或已失的痛苦，不是描述这从得而至失的经过。故少年维特之心灵生活的发展与毁灭，极应得一小说式的叙述。然又将嫌事情的外表太简，所写多为内心情感的状态，应有一种介乎叙述与抒情两者中间的文体。于是歌德发现了书信的体裁。在歌德以前法国文豪卢梭已用信札体写他的小说《新哀绿蒂思》，在文坛上大放光彩。它是人们的情感与直觉生活从十八世纪理知主义解放了后自由表现自己的新工具、新形式。这个新工具到了歌德天才的手里才尽量发挥它的效用。

这信札体的优点何在？它不似其他任何一种文体的严格形式。它既能委婉地叙事如一段小说，也能随意地抒情如一篇诗，又能自由发挥思想如哲理的小品文，但又不似诗或小说所叙述的对象限于一个时间性。在一封信中可以追忆往景，描绘目前，感想未来。小说或诗须注意一事一境之连贯继续的发展。而信札则极自由，可以述自己，也可同时谈他人，可以写风景，谈哲理，泻情绪。写信时有个受信的"你"在对方，于是要把自己的情绪状态客观化，以客观的态度把自己在对方瞩照的眼里呈现，而同时又流露着与对方之人的关系。歌德运用这自由美妙的工具在一本小小书里绘景写情，发表思想，一个多情深思的青年由此充分表出。这写信的主体人格贯穿着这丰富的多方面成一音乐的和谐。而我们同时可站在受信者地位窥见维特心灵的内部秘密有如细腻的图画。

这个写信的维特即是在恋爱生命中苦痛的歌德，而这受信的"你"即是超脱了自己而观照着自己的诗人歌德。这诗情的小说使歌德从生活的苦痛中解放，化身为脱然事外勉慰自己的"威廉"（即受信者）。

这信札的文体用最简单朴素的写法，给予吾人繁富的景、情、思想的合奏。在这本小小书中一会儿引着我们踏进伟大广阔的自然，同时又领导我们流连于酒店炉边，徘徊于古典风味的井泉林下，或游于牧师的静美的园中，或在绿蒂众妹弟小孩们的房内。一会儿又使我们欣赏伯爵富丽的厅堂，但也让我们领略简陋不堪的村店旅舍。

我们读这本小书时，历过四季时令的自然风色。春天的繁花灿烂，夏季的浓绿阴深，秋风里的落叶萧瑟，冬景的阴惨暗淡。此外浓烈的日光、幽美的月景、黑夜、雾、雷、雨、雪一切自然景象，而此自然各景皆与维特心情的姿态相反映，相呼应，成为情景合一的诗境。

景物之外有人格个性的描写。少年维特是最引人同情的一个高贵、纯洁、优美，却又不是假想的人格，是有血有肉，好像我们自己认识亲爱的一个朋友，每一个聪明优秀的青年都会有一个维特时期。尤其在近代文明一切男性化、物质化、理知化、庸俗化、浅薄化的潮流中，维特是一些尚未同化、尚未投降于这冷酷社会的青年爱慕怀恋的幻影。而他的悲惨的命运更使人不能忘怀，有无限的悼念。

与这过分伤感、邻于病态的多情少年相对照的即是那健康的、端庄的、愉快的、现实的，能在狭小范围中满足而美化她周围一切的绿蒂。在这两位主角之外还有忠实正直而微嫌干燥的阿培尔，一个爱美的公爵，倨傲狭隘的贵族社会，拘谨的官员，心善而量窄的牧师们，好的妇人，窈窕的小姐们，尤其可爱的一群活泼小孩们的画像。这些人在书中并没有许多故事、情节，但却描绘得生命丰满。像荷兰大画家写些极平常的人物，却能引人入胜，令人欣赏。

从情感的抒写方面说，则全书是写一青年从平静和悦，浸沉于大自然的愉快里走进恋爱生活的陶醉。然后又从恋爱纠纷的苦痛里，感到心灵的彷徨、动摇。再加在社会上自尊心的受刺激，遂至沉沦于人生的怀疑，精神的破产，而以肉体的自杀告终。是一首哀艳凄美的诗，一曲情调动人的音乐。

在这情与景的灿烂的描绘以外,在全书内尚遍布着许多真诚的、解放的、高超的思想。这是由心灵真挚的体会里迸出的微妙深刻的思想。对于人生、自然、艺术,都有他不同流俗的见解。这实为当时狂飙运动里潜伏在人人的心灵中,尤在青年热情的心理中的思想趋势,而歌德竟能如此美妙地写出。而且在这书内用了朴直、纯洁、高贵的文笔,如口说一般地写出。

这些思想里许多对于人生、世界、善恶、规律与自然、欲望与义务等等永久的问题,引着我们从无限的"永久的"立场观照这小说中的人生与世界,而能对一切有深一层的体会与谅解。

最后,最动人的,每一页每一句呼吸着何等的生命与热烈!何等的自然与真挚。文笔风格甚高,却自然如口语。我们觉得在与人对语,很亲热,很聪明,有时作长谈,委婉曲折,而极其自在。而这书的笔调完全适合情调,有时崇高的口气谈着宇宙人生问题,有时单纯朴质写着静美的境界。有长函,有短简,有时幽冷如隽语、雅致如小诗,有时紧张如剧本、雄浑如颂歌。这本信札小说灼烁于各式风格中,而自成一综合的乐曲。

我们于百余年后读这本书有这样的感动;当时在暴风雨欲来的时代,一切苦痛、压迫、不自然、不自由的情调散布着悲观笼罩全世,歌德感触最深,表白得最沉痛,为一代的喉舌,则当时影响之大可想而知了!

这篇文字是根据龚多夫与比学斯基两位歌德学者见解的发挥,写出为我国爱读《少年维特之烦恼》者参证。

1932年歌德百年祭
(原载《歌德之认识》,南京钟山书局1933年出版)

歌德论

比学斯基　著

[译者前言]

比学斯基的《歌德传》两大本，是德文歌德传记中最美丽最流行的一部。他书中第一篇描写分析歌德的个性尤为深刻。现翻译出来，供国内爱慕歌德者参考。

伟兰（Wieland，一七三三至一八一三，歌德同时的大诗人）有一次排比他当时最杰出的人物而列论之，他称克罗勃斯陀克（Klopslock）是当时最大诗人，赫尔德（Herder）是最大学者，拉发陀（Lavater）是最伟大基督教士，而歌德——是人性中之至人。伟兰还有一段可注意的歌德批评。他说，歌德之所以常被人误解，因为很少人能够有概念了解如此这么一个人。但为什么很难从这"人性中之至人"得个概念？并不只是因为他的心灵禀赋特别伟大。宗教史、诗歌及英雄崇拜里已经证明普通庸人也很有对伟大事物的理想。虽然他们不很愿意用之于同时人的身上。就是伟兰与其他与伟兰同意的人也不是意指歌德在内的伟大。他们意思是指着歌德"人性之完全"。

歌德从一切的人性中他皆禀赋得一分,而人类中之最人性的。他的形体具有伟大的典型的印象,是全人类人性的象征。所以曾经接近他的人都说从未见过这样一个完全的人。

自然世界上有比他更富有理智的,也有比他更多毅力,或禀有更深刻的感觉、更生动的想象力的,但实在没有一个人曾如歌德聚集这许多伟大的禀赋于一个人格之中。

并且也很少有一个心灵如此高度发展的人,而他的身体不断地兴奋,精神如此内敛集中。

这种奇异的圆满的人性的组合,给予他人格以非常的特征,也给予他许多矛盾的表现。歌德人格与生活中这些矛盾表现使一般人对他难有一准确的观念。同时这个人,有时他像一个物理学家观察光色的曲折,有时他像一解剖家研究骨骼与肌肉,有时他像个法学家讨论破产法。他对人物事件有非常精细的观察与分析,少年时就有政治家外交家的聪明与经验。同时这一个人又创造了许多幻想如泉涌的诗歌,好像一个沉醉的梦想者穿过这实际的世界,观照人事万物他们丑陋的实际而反映以他自己内心的光彩。又常时对物界关系不能用理智处理,在人群中如一天真而无靠的小孩。他以热烈的情感执住世界像浮士德,但不久又用毁灭的讥诮推开世界像靡非斯陀。

歌德像一棵植物,常而感受风雨气候的影响,但有时又能对之毫不关心。他心爱他的生命如一个美丽友爱的习惯,但又跑进枪林弹雨中去尝试"炮火的热病"。他,这个最忠实最纯洁最肯牺牲的朋友,这个最热狂最倾心的情人,可以在感情沸腾时伤害他朋友与情人的心。他,这个像赫尔德所说:在他每一步生活的进程中是一个男子,拉发陀与克乃勃尔(Knebel)称他是个英雄,铁石心肠的拿破仑也不得不喊出:"这是一个人!"但他竟有时不能制止他心的要求与欲望,随波逐流,自失其舵,软得如席勒(Schiller)所称的"女性情感"(少年维特所表现)。他,有如一个仙灵解脱了一切尘土的重浊,高蹈于超越的境界,但同时又脚踏实地地站在地球上欣赏任何细微的感官的快乐,哪怕是他女友玛丽亚娜从家乡寄来的梅子。他,这个非常精细准备地评论艺术品的,同样精细地赏识莱茵河的酒。他,这个特殊北方日耳曼的性质,欢喜跑冰,冬天在伊曼河中洗冷水浴,遨游于哈尔茨与瑞士的冰山,他创造了特殊北方日耳曼的精神的文艺,如《瞿支》《浮士德》《赫尔曼与多罗西》,神怪如雾的叙事诗《鬼王》《死人舞》《肯信的童子》《北方的瓦普司之夜》等,但后来到了意大利和清明的天空与温暖的气候里,徘徊于希腊及文艺复兴艺术作品中间,又好像回到他原来的故乡。然而在南方时他仍禀有充分的北欧情调，在宝桂赛宫中园写"魔女之封"。他，这个完全近代的人，并且在许多方面是属于未来的人，在另一方面自觉又是个古代的人，似乎曾经生活于哈德利扬（Hadrian）皇朝之下。他，这个处处寻求清明，透入清明的，但也爱飘摇于神秘的幻想中，相信世界秩序里有神魔的存在，灵魂的轮回，常轻轻地受着预感预言预兆等迷信的支配，这个人，平常非常温柔忍耐的，竟有时愤怒至于咬牙跺脚。他能闲静，又能活泼，愉快时犹如登天，苦闷时如堕地狱。他有坚强的自信，他又常有自苦的怀疑；他能自觉为超人，去毁灭一个世界，但又觉得懦弱无能，不能移动道途中一块小石。

这些矛盾的暴露，是在他一种心灵禀赋特占优势时，或全力倾向一个生活方向时，或在感官反抗理性，或理性压制感官的时候。我们可以说，歌德一生的上半期是努力于调解灵与肉间及心灵与心灵间之矛盾冲突，以求避免一切内与外的骚扰。但他人格的构造却是如此的幸福，在他的每一种心能中总是积极的、善的，于世于己有益的部分占最优势，故他在一切奋斗中从不损害及自己与世界而永为胜利的前进者与造福者。所以认识他很深刻的人，总不致迷惑于他一时的偏颇与过分，而对于他道德的人格将承认克乃勃尔的批评。克氏在一七八〇年说："我很知道，他不是时时可爱的。他很有些令人不快的方面，我也曾领略过。但他这人全体的总和是无限好的。"再者赫尔德在一七八七年也曾批评过他道德的与精神的人格，"他有一个清明广大的理性，真挚亲切的情感，极端纯洁的心"。但世界上一切伟大的事物的恩惠，它们给人以荣幸，也同时给人以负担。歌德是饱尝此苦的了。他在他的伟大禀赋的重担之下也受尽苦痛。他的非常灵敏的感觉，加之以他正直的胸襟，心地的纯洁与良善，使他格外感到世界中的错误、龌龊与一切的苦痛。他强烈的想象力使他无中生有地幻想着仇敌与黑暗。他高度的热情更加重他每种不愉快的状况至于不能忍受。他暴躁地反对别人同自己，但等到他不久发现了是自己的错误时，则又燃烧着追悔的懊恼。再者，他诚然感谢神祇们，使他思想的速度与丰富能将"一天时辰分剖到一百万段，而每段改造成一个小永久"，但同时使他痛苦的，是他脑袋中蕴藏着这许多精灵们的大结合，而不能对每一个精灵致相当的培养。甚至一种清静纯粹的愉快都使他心灵震撼无穷。一个幸运的、意义丰富的诗句之偶得，可以使他喜极而泣。一个自然科学上的发现使他"五脏动摇"。他读到卡德龙（Calderon）的剧本中一幕戏的美丽时，他兴奋过分，停止了宣读而将书本死命用力掷在桌上。

只有像这样一个个性结构的人在老年时可以说道：他

命中注定连续地经历这样深刻的苦与乐，每一次皆几乎可以致他的死命。

还有一层使他的一切幸福皆不能美满的，就是每种希求达到满足时他立即再往前追求着其他新鲜的。这种向前进展的欲望固然是一班不肯庸俗自足的人所同具的，不过在他这种情性禀赋里格外觉得强烈深挚。所以他一生很像浮士德，在生活进程中获得苦痛与快乐，但没有一个时辰可以使他真正满足。

所以，谁人看见了这个无数彩色闪耀的光圈，环绕着歌德的全人格时，就会承认文艺的光芒只是这圈的一部分，而歌德的全人格大于诗人，他的生活比他的诗还更美好。我们后辈中研究与想象以期认识他的人格者，都会得着这个印象。我们觉得，他的生活是一切创造中最富有意义、最动人、最可惊异景仰的作品。但不要错认这个生活是他有意计划创造的。他的诗歌已经都是他黑暗的潜意识的表现，他的生活更是如此。固然他很早就想努力战胜他本能冲动的暗昧，引导他的生活达到一定的方向，但效果甚微。等到他以后达到这目的时，他的引导的功用也仅限于消极地排除一切扰乱，这适合于他生活轨道的。在这生活轨道以内他仍然如前随顺着他的本能。所以雅各比（歌德少年时友人）批评二十五岁时歌德的话，也适用于歌德一生的各时期："歌德是个被神魔占有者，他没有能够自由自主的行动。人只有曾经在他身边过一小时,就会发现:假如我们要求他思想行动不照他实际的思想行动,是件非常可笑的事。我的意思不是说,在他的内部不能改造得更美更好,但须从容自然得像一朵花的开展,像种子成熟,树干上升,绿叶成盖。"

(原载《大公报》文学副刊第221期,1932年3月28日出版)

中国文化的美丽精神往哪里去?

印度诗哲泰戈尔,在国际大学中国学院的小册里,曾说过这几句话:"世界上还有什么事情,比中国文化的美丽精神更值得宝贵的?中国文化使人民喜爱现实世界,爱护备至,却又不致陷于现实得不近情理!他们已本能地找到了事物的旋律的秘密。不是科学权力的秘密,而是表现方法的秘密。这是极其伟大的一种天赋。因为只有上帝知道这种秘密。我实妒忌他们有此天赋,并愿我们的同胞亦能共享此秘密。"

泰戈尔这几句话里,包含着极精深的观察与意见,值得我们细加考察。

先谈中国人"本能地找到了事物的旋律的秘密"。东西古代哲人,都曾仰观俯察探求宇宙的秘密。但希腊及西洋近代哲人倾向于拿逻辑的推理、数学的演绎、物理学的考察去把握宇宙间质力推移的规律,一方面满足我们理知了解的需要,一方面导引西洋人,去控制物力,发明机械,利用厚生。西洋思想最后所获着的是科学权力的秘密。

中国古代哲人却是拿"默而识之"的观照态度，去体验宇宙间生生不已的节奏，泰戈尔所谓旋律的秘密。《论语》上载：

> 子曰："予欲无言！"子贡曰："子如不言，则小子何述焉？"子曰："天何言哉？四时行焉，百物生焉，天何言哉？"

四时的运行，生育万物，对我们展示着天地创造性的旋律的秘密。一切在此中生长流动，具有节奏与和谐。古人拿音乐里的五声配合四时五行，拿十二律分配于十二月（《汉书·律历志》），使我们一岁中的生活融化在音乐的节奏中，从容不迫而感到内部有意义有价值，充实而美。不像现在大都市的居民灵魂里，孤独空虚。英国诗人艾略特有"荒原"的慨叹。

不但孔子，老子也从他高超严冷的眼里观照着世界的旋律。他说："致虚极，守静笃，万物并作，吾以观其复！"

活泼的庄子也说他"静而与阴同德，动而与阳同波"，他把他的精神生命体合于自然的旋律。

孟子说他能"上下与天地同流"。荀子歌颂着天地的节奏：

列星随旋，日月递照，四时代御，阴阳大化，风雨博施，万物各得其和以生，各得其养以成。

我们不必多引了，我们已见到了中国古代哲人是"本能地找到了事物的旋律的秘密"。而把这获得的至宝，渗透进我们的现实生活，使我们生活表现礼与乐里，创造社会的秩序与和谐。我们又把这旋律装饰到我们日用器皿上，使形下之器启示着形上之道（即生命的旋律）。中国古代艺术特色表现在它所创造的各种图案花纹里，而中国最光荣的绘画艺术，也还是从商周铜器图案、汉代砖瓦花纹里脱胎出来的呢！

中国人"喜爱现实世界，爱护备至，却又不致陷于现实得不近情理"。我们在新石器时代，从我们的日用器皿制出玉器，作为我们政治上、社会上及精神人格上美丽的象征物。我们在铜器时代也把我们的日用器皿，如烹饪的鼎、饮酒的爵等等，制造精美，竭尽当时的艺术技能，它们成了天地境界的象征。我们对最现实的器具，赋予崇高的意义、优美的形式，使它们不仅仅是我们役使的工具，而是可以同我们对语、同我们情思往还的艺术境界。后来我们发展了瓷器（西人称我们是瓷国）。瓷器就是玉的精神的承续与光大，使我们在日常现实生活中能充满着玉的美。

但我们也曾得到过科学权力的秘密。我们有两大发明：

火药同指南针。这两项发明到了西洋人手里，成就了他们控制世界的权力——陆上霸权与海上霸权，中国自己倒成了这霸权的牺牲品。我们发明着火药，用来创造奇巧美丽的烟火和鞭炮，使我一般民众在一年劳苦休息的时候，新年及春节里，享受平民式的欢乐。我们发明指南针，并不曾向海上取霸权，却让风水先生勘定我们庙堂、居宅及坟墓的地位和方向，使我们生活中顶重要的"住"，能够选择优美适当的自然环境，"居之安而资之深"。我们到郊外，看那山环水抱的亭台楼阁，如入图画。中国建筑能与自然背景取得最完美的调协，而且用高耸天际的层楼飞檐及环拱柱廊、栏杆台阶的虚实节奏，昭示出这一片山水里潜流的旋律。

漆器也是我们极早的发明，使我们的日用器皿生光辉，有情韵。最近，沈福文君引用古代各时期图案花纹到他设计的漆器里，使我们再能有美丽的器皿点缀我们的生活，这是值得兴奋的事。但是要能有大量的价廉的生产，使一般人民都能在日常生活中时时接触趣味高超、形制优美的物质环境，这才是一个民族的文化水平的尺度。

中国民族很早发现了宇宙旋律及生命节奏的秘密，以和平的音乐的心境爱护现实，美化现实，因而轻视了科学工艺征服自然的权力。这使我们不能解救贫弱的地位，在生存竞争剧烈的时代，受人侵略，受人欺侮，文化的美丽精神也不能长保了，灵魂里粗野了，卑鄙了，怯懦了，我们也现实得不近情理了。我们丧尽了生活里旋律的美（盲动而无秩序）、音乐的境界（人与人之间充满了猜忌、斗争）。一个最尊重乐教、最了解音乐价值的民族没有了音乐。这就是说没有了国魂，没有了构成生命意义、文化意义的高等价值。中国精神应该往哪里去？

近代西洋人把握科学权力的秘密（最近如原子能的秘密），征服了自然，征服了科学落后的民族，但不肯体会人类全体共同生活的旋律美，不肯"参天地，赞化育"，提携全世界的生命，演奏壮丽的交响乐，感谢造化宣示给我们的创化机密，而以厮杀之声暴露人性的丑恶，西洋精神又要往哪里去？哪里去？这都是引起我们惆怅、深思的问题。

1946年南京

悲剧的与幽默的人生态度

人类社会的法律、习惯、礼教，使人们在和平秩序的保障之下，过一种平凡安逸的生活；使人们忘记了宇宙的神秘，生命的奇迹，心灵内部的诡幻与矛盾。

近代的自然科学更是帮助近代人走向这条平淡幻灭的路。科学欲将这矛盾创新的宇宙也化作有秩序、有法律、有礼教的大结构，像我们理想的人类社会一样，然后我们更觉安然！

然而人类史上向来就有一些不安分的诗人、艺术家、先知、哲学家等，偏要化腐朽为神奇，在平凡中惊异，在人生的喜剧里发现悲剧，在和谐的秩序里指出矛盾，或者以超脱的态度守着一种"幽默"。

但生活严肃的人，怀抱着理想，不愿自欺欺人，在人生里面体验到不可解救的矛盾，理想与事实的永久冲突。然而愈矛盾则体验愈深，生命的境界愈丰满浓郁，在生活悲壮的冲突里显露出人生与世界的"深度"。

所以悲剧式的人生与人类的悲剧文学使我们从平凡安逸的生活形式中重新识察到生活内部的深沉冲突，人生的真实内容是永远的奋斗，是为了超个人生命的价值而挣扎，毁灭了生命以殉这种超生命的价值，觉得是痛快，觉得是超脱解放。

大悲剧作家席勒说："生命不是人生最高的价值。"这是"悲剧"给我们最深的启示。悲剧中的主角是宁愿毁灭生命以求"真"，求"美"，求"权力"，求"神圣"，求"自由"，求人类的上升，求最高的善。在悲剧中，我们发现了超越生命的价值的真实性，因为人类曾愿牺牲生命、血肉及幸福，以证明它们的真实存在。果然，在这种牺牲中人类自己的价值升高了，在这种悲剧的毁灭中人生显露出"意义"了。

肯定矛盾，殉于矛盾，以战胜矛盾，在虚空毁灭中寻求生命的意义，获得生命的价值，这是悲剧的人生态度！

另一种人生态度则是以广博的智慧照瞩宇宙间的复杂关系，以深挚的同情了解人生内部的矛盾冲突。在伟大处发现它的狭小，在渺小里却也看到它的深厚，在圆满里发现它的缺憾，但在缺憾里也找出它的意义。于是以一种拈花微笑的态度同情一切；以一种超越的笑、了解的笑、含泪的笑、悯然的笑包容一切以超脱一切，使灰色黯淡的人生也罩上一层柔和的金光。觉得人生可爱。可爱处就在它的渺小处、矛盾处，就同我们欣赏小孩们的天真烂漫的自私，使人心花开放，不以为忤。

这是一种所谓幽默（humour）的态度。真正的幽默是平凡渺小里发掘价值。以高的角度测量那"煊赫伟大"的，则认识它不过如此。以深的角度窥探"平凡渺小"的，则发现它里面未尝没有宝藏。一种愉悦、满意、含笑、超脱，支配了幽默的心襟。

"幽默"不是谩骂，也不是讥刺。幽默是冷隽，然而在冷隽背后与里面有"热"。（林琴南译迭更司的《块肉余生述》里富有真的幽默。）

悲剧和幽默都是"重新估定人生价值"的，一个是肯定超越平凡人生的价值，一个是在平凡人生里肯定深一层的价值，两者都是给人生以"深度"的。

莎士比亚以最客观的慧眼笼罩人类，同情一切，他是最伟大的悲剧家，然而他的作品里充满着何等丰富深沉的"黄金的幽默"。

> 以悲剧情绪透入人生，
> 以幽默情绪超脱人生，
> 是两种意义的人生态度。

（原题名《悲剧幽默与人生》，载南京《中国文学》创刊号，1934年1月出版）

我和诗

我的写诗,确是一件偶然的事。记得我在同郭沫若的通信里曾说过:"我们心中不可没有诗意、诗境,但却不必定要做诗。"这两句话曾引起他一大篇的名论,说诗是写出的,不是做出的。他这话我自然是同意的。我也正是因为不愿受诗的形式推敲的束缚,所以说不必定要做诗。(见《三叶集》)

然而我后来的写诗却也不完全是偶然的事。回想我幼年时有一些性情的特点,是和后来的写诗不能说没有关系的。

我小时候虽然好玩耍,不念书,但对于山水风景的酷爱是发乎自然的。天空的白云和复成桥畔的垂柳,是我孩心最亲密的伴侣。我喜欢一个人坐在水边石上看天上白云的变幻,心里浮着幼稚的幻想。云的许多不同的形象动态,早晚风色中各式各样的风格,是我童心里独自把玩的对象。都市里没有好风景,天上的流云,常时幻出海岛沙洲，峰峦湖沼。我有一天私自就云的各样境界，分别汉代的云、唐代的云、抒情的云、戏剧的云等等，很想做一个"云谱"。

风烟清寂的郊外，清凉山、扫叶楼、雨花台、莫愁湖是我同几个小伴每星期日步行游玩的目标。我记得当时的小文里有"拾石雨花，寻诗扫叶"的句子。湖山的情景在我的童心里有着莫大的势力。一种罗曼蒂克的遥远的情思引着我在森林里，落日的晚霞里，远寺的钟声里有所追寻，一种无名的隔世的相思，鼓荡着一股心神不安的情调；尤其是在夜里，独自睡在床上，顶爱听那远远的箫笛声，那时心中有一缕说不出的深切的凄凉的感觉，和说不出的幸福的感觉结合在一起；我仿佛和那窗外的月光雾光溶化为一，飘浮在树杪林间，随着箫声、笛声孤寂而远引——这时我的心最快乐。

十三四岁的时候，小小的心里已经筑起一个自己的世界；家里人说我少年老成，其实我并没念过什么书，也不爱念书，诗是更没有听过读过；只是好幻想，有自己的奇异的梦与情感。

十七岁一场大病之后，我扶着弱体到青岛去求学，病后的神经是特别灵敏，青岛海风吹醒我心灵的成年。世界是美丽的，生命是壮阔的，海是世界和生命的象征。这时我欢喜海，就像我以前欢喜云。我喜欢月夜的海、星夜的海、狂风怒涛的海、清晨晓雾的海、落照里几点遥远的白帆掩映着一望无尽的金碧的海。有时涯边独坐,柔波软语,絮絮如诉衷曲。我爱它,我懂它,就同人懂得他爱人的灵魂、每一个微茫的动作一样。

青岛的半年没读过一首诗,没有写过一首诗,然而那生活却是诗,是我生命里最富于诗境的一段。青年的心襟时时像春天的天空,晴朗愉快,没有一点尘滓,俯瞰着波涛万状的大海,而自守着明爽的天真。那年夏天我从青岛回到上海,住在我的外祖父方老诗人家里。每天早晨在小花园里,听老人高声唱诗,声调沉郁苍凉,非常动人,我偷偷一看,是一部《剑南诗钞》,于是我跑到书店里也买了一部回来。这是我生平第一次翻读诗集,但是没有读多少就丢开了。那时的心情,还不宜读放翁的诗。秋天我转学进了上海同济,同房间里一位朋友,很信佛,常常盘坐在床上朗诵《华严经》。音调高朗清远有出世之概,我很感动。我欢喜躺在床上瞑目静听他歌唱的词句,《华严经》词句的优美,引起我读它的兴趣。而那庄严伟大的佛理境界投合我心里潜在的哲学的冥想。我对哲学的研究是从这里开始的。庄子、康德、叔本华、歌德相继地在我的心灵的天空出现,每一个都在我的精神人格上留下不可磨灭的印痕。"拿叔本华的眼睛看世界,拿歌德的精神做人",是我那时的口号。

有一天我在书店里偶然买了一部日本版的小字的王、孟诗集,回来翻阅一过,心里有无限的喜悦。他们的诗境,正合我的情味,尤其是王摩诘的清丽淡远,很投我那时的癖好。他的两句诗"行到水穷处,坐看云起时",是常常挂在我的口边,尤在我独自一人散步于同济附近田野的时候。

唐人的绝句,像王、孟、韦、柳等人的,境界闲和静穆,态度天真自然,寓秾丽于冲淡之中,我顶欢喜。后来我爱写小诗、短诗,可以说承受唐人绝句的影响,和日本的俳句毫不相干,泰戈尔的影响也不大。只是我和一些朋友在那时常常欢喜朗诵黄仲苏译的泰戈尔《园丁集》诗,他那声调的苍凉幽咽,一往情深,引起我一股宇宙的遥远的相思的哀感。

在中学时,有两次寒假,我到浙东万山之中一个幽美的小城里过年。那四围的山色秾丽清奇,似梦如烟;初春的地气,在佳山水里蒸发得较早,举目都是浅蓝深黛;湖光峦影笼罩得人自己也觉得成了一个透明体。而青春的心初次沐浴到爱的情绪,仿佛一朵白莲在晓露里缓缓地展开,迎着初升的太阳,无声地战栗地开放着,一声惊喜的微呼,心上已抹上胭脂的颜色。

纯真的刻骨的爱和自然的深静的美在我的生命情绪中结成一个长期的微渺的音奏,伴着月下的凝思,黄昏的远想。

这时我欢喜读诗,我欢喜有人听我读诗,夜里山城清寂,抱膝微吟,灵犀一点,脉脉相通。我的朋友有两句诗"华灯一城梦,明月百年心",可以做我这时心情的写照。

我游了一趟谢安的东山,山上有谢公祠、蔷薇洞、洗屐池、棋亭等名胜,我写了几首纪游诗,这是我第一次的写诗,现在姑且记下,可以当作古老的化石看罢了。

游东山寺

一

振衣直上东山寺,万壑千岩静晚钟。
叠叠云岚烟树杪,湾湾流水夕阳中。
祠前双柏今犹碧,洞口蔷薇几度红?
一代风流云水渺,万方多难吊遗踪。

二

石泉落涧玉琮琤,人去山空万籁清。
春雨苔痕迷屐齿,秋风落叶响棋枰。
澄潭浮鲤窥新碧,老树盘鸦噪夕晴。
坐久浑忘身世外,僧窗冻月夜深明。

别东山

游屐东山久不回,依依怅别古城隈。
千峰暮雨春无色,万树寒风鸟独徊。
渚上归舟携冷月,江边野渡逐残梅。
回头忽见云封堞,黯对青峦自把杯。

旧体诗写出来很容易太老气,现在回看不像十几岁人写的东西,所以我后来也不大写旧体诗了。二十多年以后住嘉陵江边才又写一首《柏溪夏晚归棹》:

飙风天际来,绿压群峰暝。
云罅漏夕晖,光写一川冷。
悠悠白鹭飞,淡淡孤霞迥。
系缆月华生,万象浴清影。

一九一八至一九一九年,我开始写哲学文字,然而浓厚的兴趣还是在文学。德国浪漫派的文学深入我的心坎。歌德的小诗我很欢喜。康白情、郭沫若的创作引起我对新体诗的注意。但我那时仅试写过一首《问祖国》。

一九二〇年我到德国去求学,广大世界的接触和多方面人生的体验,使我的精神非常兴奋,从静默的沉思,转到生活的飞跃。三个星期中间,足迹踏遍巴黎的文化区域。

罗丹的生动的人生造像是我这时最崇拜的诗。

这时我了解近代人生的悲壮剧、都会的韵律、力的姿式。对于近代各问题，我都感到兴趣，我不那样悲观，我期待着一个更有力的更光明的人类社会到来。然而莱茵河上的故垒寒流、残灯古梦，仍然萦系在心坎深处，使我常时做做古典的浪漫的美梦。前年我有一首诗，是追抚着那时的情趣，一个近代人的矛盾心情：

生命之窗的内外

白天，打开了生命的窗，
绿杨丝丝拂着窗槛。
白云在青空里飘荡。
一层层的屋脊，一行行的烟囱，
成千成万的窗户，成堆成伙的人生。
行着，坐着，恋爱着，斗争着。
活动、创造、憧憬、享受。
是电影、是图画、是速度、是转变？
生活的节奏，机器的节奏，
推动着社会的车轮，宇宙的旋律。
白云在青空飘荡，
人群在都会匆忙！

黑夜,闭上了生命的窗。
窗里的红灯,
掩映着绰约的心影:
雅典的庙宇,莱茵的残堡,
山中的冷月,海上的孤棹。
是诗意、是梦境、是凄凉、是回想?
缕缕的情丝,织就生命的憧憬。
大地在窗外睡眠!
窗内的人心,
遥领着世界深秘的回音。[1]

在都市的危楼上俯瞰风驰电掣的匆忙的人群,通力合作地推动人类的前进;生命的悲壮令人惊心动魄,渺渺的微躯只是洪涛的一沤,然而内心的孤迥,也希望能烛照未来的微茫,听到永恒的深秘节奏,静寂的神明体会宇宙静寂的和声。

一九二一年的冬天,在一位景慕东方文明的教授夫妇的家里,过了一个罗曼蒂克的夜晚;舞阑人散,踏着雪里的蓝光走回的时候,因着某一种柔情的萦绕,我开始了写诗的冲动,从那时以后,横亘约莫一年的时光,我常

---

[1] 此诗发表在《文艺月刊》第4卷第1期,1933年7月。

常被一种创造的情调占有着。在黄昏的微步，星夜的默坐，在大庭广众中的孤寂，时常仿佛听见耳边有一些无名的音调，把捉不住而呼之欲出。往往是夜里躺在床上熄了灯，大都会千万人声归于休息的时候，一颗战栗不寐的心兴奋着，静寂中感觉到窗外横躺着的大城在喘息，在一种停匀的节奏中喘息，仿佛一座平波微动的大海，一轮冷月俯临这动极而静的世界，不禁有许多遥远的思想来袭我的心，似惆怅，又似喜悦，似觉悟，又似恍惚。无限凄凉之感里，夹着无限热爱之感。似乎这微渺的心和那遥远的自然，和那茫茫的广大的人类，打通了一道地下的深沉的神秘的暗道，在绝对的静寂里获得自然人生最亲密的接触。我的《流云》小诗，多半是在这样的心情中写出的。往往在半夜的黑影里爬起来，扶着床栏寻找火柴，在烛光摇晃中写下那些现在人不感兴趣而我自己却借以慰藉寂寞的诗句。《夜》与《晨》两诗曾记下这黑夜不眠而诗兴勃勃的情景。

然而我并不完全是"夜"的爱好者，朝霞满窗时，我也赞颂红日的初生。我爱光，我爱美，我爱力，我爱海，我爱人间的温爱，我爱群众里千万心灵一致紧张而有力的热情。我不是诗人，我却主张诗人是人类的光明的预言者，人类光明的鼓励者和指导者，人类的光和爱和热的鼓吹者。高尔基说过："诗不是属于现实部分的事实，而是属于那比现实更高部分的事实。"那比现实更高的仍是现实，只是一个较光明的现实罢了。歌德也说："应该拿现实提举到和诗一般地高。"这也就是我对于诗和现实的见解。

（此文写于1923年，初刊于《文学》第八卷，1937年1月出版；修改后又载《妇女月刊》第六卷第四期，1947年10月出版）

团山堡读画记

前年盟军攻占罗马后，新闻记者去访问隐居在罗马近郊的哲学家桑达耶那（Santayana）。一位八十高龄的老人，仍然精神矍铄地探索着这人生之谜，不感疲倦。记者问他对这次世界大战的意见。罗马近郊是那么接近炮火的中心。桑达耶那悠然地答道："我已经多时没有报纸了，我现在常常生活在永恒的世界里！"

什么是这可爱可羡的永恒世界呢？

我这几年因避空袭——并不是避现实——住在柏溪对江大保附近的农家，在这狂涛骇浪的大时代中，我的生活却像一泓池沼，只照映着大保的松间明月、江上清风。我的心底深暗处永远潜伏一种渴望，渴望着热的生命，广大的世界。涓涓的细流企向着大海。

今年一个夏晚，司徒乔卿兄突然见访。阔别已经数年了，我忙问他别后的行踪。他说他这几年是"东南西北之人"，先到过中国的东南角，后游中国的西北角，从南海风光到沙漠情调，他心灵体验的广袤是既广且深，作画无数。我听了异常惊喜。我说我一定要来看你的创作，填补我这几年精神的寂寞。到了九月二十六日，我同吴子咸兄相约同往金刚坡团山堡去访司徒乔卿兼践傅抱石兄之宿约。不料团山堡四周风景直能入画。背面高峰入云，时隐时现，前面一望广阔，而远山如环，气象万千，不必南海塞北，即此已是他的"大海"了。入夜松际月出，尤为清寂。抱石来畅谈极乐。次晨，即求乔卿展示所作。因有一大部正付装裱，未获窥及全豹，颇为怅怅。然就所见，已深感乔卿兄视觉之深锐、兴趣之广博、技术之熟练，而尤令我满意的，是他能深深地体会和表现那原始意味的、纯朴的宗教情操。西北沙漠中这种最可宝贵、最可艳羡的笃厚的宗教情调，这浑朴的元气，真是够味。回看我们都会中那些心灵早已淘空了的行尸走肉，能不令人作呕！《晨祷》《大荒饮马》《马程归来》《天山秋水》《茶叙》《冰川归人》等等，它们的美，不只是在形象、色调、技法，而是在这一切里面透露的情调、气氛，丝毫不颓废的深情与活力。这是我们艺术所需要的，更是我们民族品德所需要的。所以我希望乔卿的画展，能发生精神教育的影响。

但乔卿既能画热情动人、活泼飞跃的舞女，引起我对生命的渴望，感到身体的节拍，而他又画得轻灵似梦、幽深如诗的美景，令人心醉，其味更为隽永。大概因为我们是东方人罢,对这《清静境》,对这《默》,尤对那幅《再会》,感到里面有说不尽的意味。画家在这里用新的构图、新的配色,写出我们心中永恒的最深的音乐;在这里,表面上似乎是新的形式,而骨子里是东方人悠古的世界感触。在这里,我怀疑乔卿受了他夫人伊湄的潜移默化,因为这里面颇具有着伊湄女士所写词集中的意境。据说伊湄女士是司徒先生每一创作最先的一个深刻的批评者。

我在团山堡画室里住了两夜,饱看山光云影、夜月晨曦,读乔卿的画、伊湄的词。第二天又去打扰傅抱石兄,欣赏他近年作品和夫人的烹调。一件意外的收获,就是得到一册司徒圆(乔卿的长女)从四岁到九岁所写的小诗,加上抱石兄的同样年龄的长子小石的插画,册名《浪花》,是郭沫若兄在政治部"四维"小丛书里出版的。这本小书里洋溢着天真的灵感,令人生最纯净的愉快。司徒圆四岁半在沪粤舟中写第一首小诗:

> 浪花白,浪花美,
> 朵朵浪花,朵朵白玫瑰。

天真的想象,天真的音调,天真的措词,真是有味。又《大海水》一首:

> 大海水,真怪气,
> 雨来会生疮,风来会皱皮。

又《大雨》一首:

> 大雨纷纷下,
> 树木都很佩服他,
> 树木不停地鞠躬,
> 把腰弯到地下。

这里是童真的世界。这童真的世界是否就是桑达耶那所常住的永恒世界呢?

[原载1945年11月4日《大公报》,题为《团山堡两日游——9月26日、27日日记》,后收入《艺境》(未刊)时改作今题]

题《张茜英画册》

西洋艺术家永远追求着光、热和生命。画家工具为油和色彩，这并不是偶然的。

我爱油画，爱它里面永驻着光、热和生命。它象征着人类不朽的青春精神。中国画艺趋向水晕墨章，引书法入画法，画家意境是淡泊以明志，宁静以致远。这是文明的成熟，秋天的明净。

茜英女士爱画油画，色调泼辣，线纹劲秀，能表出生命的光和热。但她一向又爱中国书法，用功颇深，这是什么缘故？艺术的境界是两无的。它需要青春的光，也需要秋熟的美。茜英的作品是否已走上这境界，我不能说，但它里面富有光、热和生命，这是可以断言的。这也是现在中国艺术所绝对需要的。

（未刊稿）

歌德与席勒订交时两封信

德国两位最大诗人歌德与席勒之结为好友并成为十年长期创作的伴侣，是德国文学史上一件奇异、有趣而含有极大意义的事件。歌德在年龄上比席勒长十岁，人生经历与艺术经验的丰富，远非席勒所能及。他从火热的狂飙运动已经走向清明在躬的古典主义。希腊艺术的观摩与自然科学的研究，使他对整个自然与人有了轮廓清楚的客观认识。而自己的创作也趋向清明合理，静穆伟大，高贵单纯的风格。而这时的席勒方以《强盗》剧本震撼着热狂青年的心。歌德厌恶着这种自己方始战胜克服的幼稚阶段。席勒的个性又适为一主观的理想主义的诗人，精研康德哲学，潜究美学理论，经验短少而理想丰富，处处与歌德的生活、兴趣、事业正相反。两人的接近与了解几乎是不可能的事，合作更是谈不上。然而在一七九四年间，席勒自己已由长期哲学的研究及对于文化艺术问题的思考反省，深深地了悟艺术创造的意义目的及艺术家的道路与使命。他认为艺术创作是一切文化创造最基本最纯粹的形式。它是不受一切功利目的之羁绊，最自由最真实的人生表现。它替人生的内容制造清明伟大的风格与形式，领导着人生走向最充实最完美最自由的生活形态。所以，艺术与艺术家应该认识及负起文化上最高的责任与最中心的地位。

席勒这个艺术家的意象，他在歌德的全部生活的努力上发现了，他同歌德第一次长谈后更得着明了的概念。他写给歌德的第一封长信，不唯结算着歌德全生活伟大的意义，并且也表示了他自己的目的与理想，在这两个共同点上，他两人可以合作了。

在这封长信里，他说明艺术家的歌德观照世界与创造世界的真精神及其使命。在歌德是"思想"不与"直观"及"物象"分离。他的思想是一种"物观的"，充满着具体物象的意念。在这种思想的方式中，他总合着物象各部的元素而透入物象内部生长活跃创造的过程。从单纯的生命细胞了解着生命的演进以至于高级复杂的机构。因为他是要透澈这"创造中的自然"，所以不愿意割裂自然，将自然化作死的物质与机械，像近代科学家将田蛙肢解以求解释田蛙的生命，不知生命在肢解中已经死去了。歌德是用思想把握那全整的活的生命及活的生命中间的定律。以逻辑去追捉生命，这是人类思想最困难而最伟大的举动，是一切哲学家所竞求而不能完全达到的理想。席勒在信里称之为"一个伟大的真正英雄式的理想",就像阿溪里(Achill)在拂提亚(Pythia)与"不朽"中间选择了"不朽"一样!

歌德天生是希腊的心灵,他欲在宇宙的事物形象里观照其基本形式,然后以艺术的手段,表现于伟大纯净的风格中。设若歌德从幼年就生长在一个像希腊或意大利的朗丽的自然环境,包围在高贵的理想化的艺术里,他将很容易地获得他所憧憬的伟大风格与生活形式。不幸(或者是幸而)他降生在暗淡朦胧、风景丑怪的北方,从小吸进这粗野的精神与空气。等到他后来发觉了这个天生缺憾时,他必须从后天理知方面去纠正它、克服它。然而,理知概念是不适合于艺术的创造,于是他又须从智慧退回情感,在情绪的净化与改进中创造新的人格、新的境界,才能完成高贵的圆满的典型风格。这是歌德所走的,比希腊艺术家加一倍困难的路,然而,这也正是他的悲剧意味的伟大。

席勒将这个深刻的观察写在他致歌德的第一封长信中。无怪歌德仿佛得着一面镜子,影映着他自己生活道路的真实意义。以前的两人间的隔阂,涣然冰释,他愿伸出手来与席勒订交了。

然而歌德与席勒能够成为朋友,也真是一件偶然的事,虽然歌德承认是一"幸福的事件"。歌德在他一篇追叙两人订交经过的文章里(题名《幸运的事件》)这样记述着:

他,歌德,因不满意席勒的少年狂热、富有破坏性的作品，且认为正是他自己现在所努力的事业——引导德国文艺走向清明纯净的希腊风格——最危险的阻力，所以很不愿意同席勒接近，屡次拒绝两方朋友的拉拢。

但一次，歌德来到耶那（席勒在该地大学当历史教授），两人偶然同时离开一个自然科学研究会的演讲会。在路上两人开始谈话。席勒表示说："这种割裂自然的研究方式对于普通一般人恐怕不大有意思。"这句话对于歌德正投机。歌德很愉快地说他另有一种方式研究自然，就是看自然为一活动的创造的整体，再从这整体方面去了解部分。两人在热烈的谈话中不知不觉地走到席勒的家门口。歌德就走进去用笔画出他多年研究生物学中所"发现"的"原始植物"（即一种单纯叶形植物体，歌德认为是一切植物种类所从演进的基本型植物。在细胞学说未发明以前，歌德的学说确系一种最进步进化理论）。席勒看着摇头说道："这是一个观念，不是经验。"歌德听了大不高兴地回答道："那倒很好，我有了观念，我却不知道。并且是用亲眼看见的东西。"席勒的意思本是根据康德学说，认为歌德听说的原始植物也是一种了解植物现象时人心的一个理知范畴，是人类理性条整经验，解释现象时主观的作用与意构的观念。虽非经验，却是系统的知识构成之必要的条件，所以也并不是主观的幻想。歌德当时不免有了误会，但以后也未尝不承认他的说法。总之，两人多年间的隔阂已经冰释，友谊与合作可以从此开始,而数日后席勒写给歌德一封长信,综合地说出歌德全生活努力的意义与价值,歌德读了认为是他那年生日所得最珍贵的礼物,这封信中所表示的极深刻的了解使席勒成为歌德当时唯一的知己与最伟大的同志。

我们现在试将这封长信及歌德的复信译出,不唯纪念这段文坛佳话,并藉以了解歌德、席勒两人的人格与文艺理想。[1]

席勒给歌德的信(耶那,1794-8-23)

昨天有人带给我一个愉快的消息,说你已经旅行归来。我们又可以希望不久在我们这里再见到你了,这也是我个人所衷心盼望的。我们最近一次谈话激动了我的全部思想,因为它触到的一个问题,是我几年来一直感到有深切的兴趣的。有些东西,我自己还不能掌握,而在观察你的精神中(这是我对你的观念给我的总印象的称呼)使我突然有所悟。我那许多抽象观念缺乏实体对象,是你引导我获得了寻觅它们的线索。

你那观察的眼光,这样沉静莹澈地栖息在万

---

[1] 关于这方面并请参阅《歌德之认识》,南京钟山书局出版,及不久或可出版的席勒纪念论文集《争人类的极峰》,中德文化协会编印。——作者原注

物之上，使你永远不致有堕入歧途的危险，而这正是抽象的思索和专断的放肆的想象很容易迷进去的。他人辛苦分析所得的，已包罗在你的直观之中，而且更完备、更全面。只因为它整个潜藏在你的内部，所以你并不知道你自己的宝藏，而我们可惜仅能知道我们所分析的。

所以像你这一类的精神常不自知所入之深，你们也无需求助于哲学，而哲学反而常须向你们学习。哲学仅能分剖别人所给予的，而"给予"却不是一个分析家的事，倒是一个天才的事。天才在纯理性的隐秘而稳当的影响之下按照客观的规律综合着事物。

我久已远远地观察着你的精神的进展，而你所规划的道路每每带给我新的敬佩。你要追寻自然的必然性，但你挑了一条最艰难的道路，这是力量单薄的人所不敢尝试的。你总揽着自然的全部，来设法说明它的个体。你在种种不同的表象的整体里为解释一个个体寻找根据。你从单纯的机体一步一步走向较复杂的结构，最后走到一切之中最复杂的"人"，你用整个自然的材料进一步地创造了他。

因为你好像是照着自然的创造再创造着"人"，

所以你切望窥入它奥秘的机构。这是一个伟大的真正英雄式的理想,足以证明你的精神是如何地将它全部丰富的思想组成一个美丽的整体。你可能不曾希望你这一生能够达到这个目的,但你以为走向这条道路比走完任何其他道路都有价值——于是你像《伊利亚特》中的阿溪里一样,便在拂提亚与不朽之间做一选择了。

假使你生而为希腊人,或者只是个意大利人,假使从你的摇篮里起就有了一个优越的自然环境与理想的艺术气氛包围着你,那么你的道路就可以无限地缩短,甚至可以完全不需要。你可能在你第一次观察万象时就把握住必然性的形式,在你初次的经历中就会发展出你的伟大风格。然而,由于你生而为德意志人,由于你的天赋的希腊精神已经熔铸在这个北国的模型里,除此之外你便没有别的选择;或者使自己成为一个北方艺术家,或者靠思想力的帮助以实际所缺乏的东西来弥补你的想象,由理性的道路从自己的心中产生育一个希腊。

当心灵吸收外部世界来构造内心世界的童年的时候,你被贫陋的外界形象所包围,你采纳了粗野的北方的自然。等到你的优越的天才制胜了物质材料而从自己心里发现这个缺憾时，你又从对外界希腊的认识更确切地痛感这个缺憾。于是你必须按照你那造型精神为自己创造的优良模型，将你头脑中被迫接受的较劣的自然重新修正，而这一切只能依照主导的见解来进行。

但是你的精神经过深思之后所不得不采取的这种逻辑方向却不能与美学相容，而你的精神唯有凭藉美学才能创造。于是你就多了一层工作，你既从观察走向抽象，你还须再把概念转成直观，并把思想化为情感，因为天才只有凭藉情感才能创造。

我这样大致地评判你的精神的道路，对与不对，你自己最明白。但你所不容易知道的（因为天才常常觉得自己是一个最大的秘密）就是你的哲学的本能与纯抽象的理论的结果竟有如此美满的谐合，乍看起来，的确没有比这自然一性产生的抽象思想和那自复杂性的直觉更矛盾的了。但是，设若前者以纯洁的诚意来寻求经验，而后者以自动的自由的思想力来寻求定律，则两者将在中途相遇。虽然直觉精神只从事创造个体，抽象精神只从事于制造类型，但设若直觉精神是个天才，他就会在经验里注意必然性，他所创造的个体就会具有类型性。设若抽象精神是个天才，而且超越经验而不遗弃经验，那么，他虽然只创造类型，却不会离开生活的可能性以及和实际事物的根本关系。

但是我觉得，我现在不是在写信，而是在写一篇论文了。请你原谅我对这个问题的热烈的兴趣。设若你没能在这面镜子里照见你的真容，务请你也不要因此躲避它……

我的朋友和我的妻子都向你致意。

你的永远忠诚的仆人　弗·席勒

歌德复席勒的信（爱特斯堡，1794-8-27）

在这个星期过生日的时候，我所收到的礼物没有比你的来信更令人愉快的了。你以友谊的手总结了我的生活，你的同情、鼓励使我更加勤勉地运用我的全部才力。

纯粹的享受和真正的实用必须是相互的，如果有机会能够告诉你：你的谈话对我发生了怎样的影响，我是怎样从那天起就划了一个新时期，我又怎样满意于未经任何特别的奋勉就已经往前进步，那我一定是很愉快的，因为从我们那次意外的会晤之后，我们似乎可以终身共同前进了。

我向来就知道珍视你在你所写和所做的一切中表现的那种直率的、罕见的严肃精神，现在我更可以从你自己来了解你精神的道路了，尤其是近年来的。你我如能互相把各人目前所达到的境界弄清楚，我们就更可以继续共同工作了。

有关我的一切，我很乐意告诉你。我也深感我的计划是超过人的力量和他在地球上生活的时间的，所以我愿将许多事情交托给你，使它们因此不仅可以得到保存，并且可以获得生命。

至于你的同情对于我有多么大的益处，你不久将自己看见。当你和我有更亲密的接触时，你就会发现我有一种虽然我自己也明白，但为我所不能自主的迷糊与踌躇，而这种现象多是天性使然，只要它不过分专横，我也愿意接受它的统治……

我希望不久到你们那里过一些时候，届时我们可以谈许多事情。

祝你生活安适并请你向你们同人致意。

歌德

歌德、席勒两人在这两封信里，确定了两人友谊与事业合作的基础，不久，在九月四日歌德函请席勒到他魏玛城去。从九月十四日起席勒在歌德那里接连住了十天,在歌德的影响之下及合理的生活状态中,他身体健康了许多。他俩有无数次的谈话交换意见。席勒因着歌德的丰富的世界经验,他对世界人生也产生新见解与新关系。而歌德也因席勒哲学的头脑引起他对自己丰富观念的整理。他的《浮士德》,更有了较明晰的哲学的贯串,成为一部思想宏富、代表近代人生的杰构。在两人交谊的十年间(至席勒之早死),是两人创作最多最伟大的时期,奠定了德国文学在世界文学里的永久地位。

(《艺境》未刊稿)

附录一　学者的态度和精神

我向来最佩服的,是古印度学者的态度;最敬仰的,是欧洲中古学者的精神。古印度学者的态度怎么样?他们的态度就是:

绝对的服从真理,猛烈的牺牲成见。

当龙树、提婆的时候,印度学说的派别将近百种。他们互相争辩的激烈,可想而知。但他们争辩时的态度却很可注意!当未辩论以前,那辩论者往往宣言:"若辩论败了,就自杀以报,或皈依做弟子。"辩论之后,那辩论败的不是立刻自杀,就立刻皈依做弟子。决不作强辩,决不作遁词,更没有无理的谩骂、话出题外、另生枝词的现象,像我中国学者的常态。这种态度,你看可佩服不佩服?这才真是"只晓得有真理,不晓得有成见"呢!这就是古印度学者的态度,我希望中国的新学者也有这种态度!

欧洲中古学者的精神又怎么样呢?他们的精神就是:

宁愿牺牲生命,不愿牺牲真理。

欧洲中古时的学者，因发明真理，拥护真理，以致焚身入狱的，很不甚少见。他们那为着真理、牺牲生命时所受的痛苦，若给中国学者看了，很觉得不值得。但真理却因此昌明了！人类却因此进化了！那学者一时的生命与痛苦又算得什么，那学者的心中只晓得真理的价值，不晓得生命的价值，这才真是学者的精神。

总之，学者的责任，本是探求真理，真理是学者第一种的生命。小己的成见与外界的势力，都是真理的大敌。抵抗这种大敌的器械，莫过于古印度学者服从真理，牺牲成见的态度；欧洲中古学者拥护真理，牺牲生命的精神。这种态度，这种精神，正是我们中国新学者应具的态度，应抱的精神！

（原题名《学者的态度与精神》，载《解放与改造》第二卷第一期，1920年1月1日出版）

附录二　说人生观

世俗众生，昏蒙愚暗，心为形役，识为情牵，茫昧以生，朦胧以死，不审生之所从来，死之所自往，人生职任，究竟为何，斯亦已耳。明哲之士，智越常流，感生世之哀乐，惊宇宙之神奇，莫不憬然而觉，遽然而省，思穷宇宙之奥，探人生之源，求得一宇宙观，以解万象变化之因，立一人生观，以定人生行为之的，是以，今日哲学之所事有二：

（一）依诸真实之科学（即有实验证据之学），建立一真实之宇宙观，以统一一切学术；

（二）依此真实之宇宙观，建立一真实之人生观，以决定人生行为之标准。

第一问题，今世欧土大哲学家殚思竭虑，以从事于此者甚众，大致可分四大派别：（一）唯物派；（二）唯心派；（三）实证派；（四）认识论派。櫴将另篇详其原委，今所略述者，即是第二问题之一部分。

第二问题，即由宇宙观决定人生观是也。但今世学派分歧，人各异执，尚未得一确定不易、举世共认之宇宙观，是以，人生观亦因人而异，不归一致。今但就樾平日观察所见，各种人生观及由此人生观所发之人生行为，略陈于后，并稍附鄙见，先列一表，以明条理：

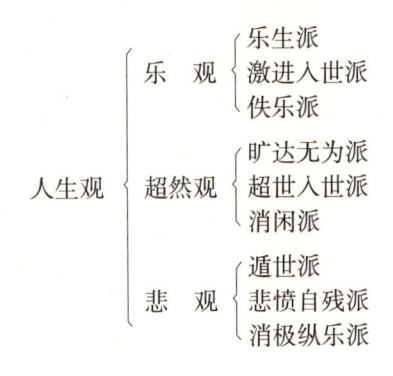

人生观
- 乐观
  - 乐生派
  - 激进入世派
  - 佚乐派
- 超然观
  - 旷达无为派
  - 超世入世派
  - 消闲派
- 悲观
  - 遁世派
  - 悲愤自残派
  - 消极纵乐派

宇宙真际，人生实事，变化迁流，皆有因果。依常恒不变之律令，据亘古常新之公理，本无悲观乐观之可言，悲乐云者，有情众生，主观之感也。但众生既含识有情，迷执主观，则于人事世事，不能无欣厌之情，悲乐之见。乐观之辈，视宇宙如天堂，人生皆乐境，春秋佳日，山水名区，无往而非行乐之地。悲观者，视人生为苦海，三界如火宅，生物竞存，水深火烈，扰扰生事，莫非烦恼。而明理哲人，神识周远，深悉苦乐，皆属空华。栖神物外，寄心世表，生死荣悴，渺不系怀，但悯彼众生，犹陷泥淖，于是毅然奋起，慷慨救世，是超世入世观也。唯此三观，可尽人生观之大致。今将分别论之。

一　乐观

乐观原因异致，有哲人之乐观，诗人之乐观，政治家之乐观，社会学家之乐观。其所以乐观者殊，而乐观之意则同也。何谓乐观？乐观云者，即是心中意中，以为宇宙美满，人生无憾，纵时事有困难窳败之点，而以为此种现象，适所以砥砺磨折，以成将来美满之果。于是，心怀勇往之气，奋然激进，求达所望，此乐观之派，亦有足取者也。十七世纪，德国哲学家莱布理治氏，尝拟证明此世界为最美满之世界，其证如下：

真神理想中有无数之世界，神从此诸理想世界中选其一而创造之，则必为其最美满者无疑，何以故？以真神有全智、全能、仁慈三德故，以全智，故能选此最良之世界；以全能，故能造此最良之世界；以仁慈，故欲造此最良之世界。

此等证论，现在当然不能成立。康德已于《纯知检核论》中，破之无遗。是故，哲学家能以学理证明世界之乐观者，尚未得其人。其实，世界实际，本超苦乐，苦乐之感，纯属主观，而诗人之乐观，则有可言者。诗人歌咏性情,情之所感,发而为诗,诗人对于世界人生,不以学理观,不以事实观,而以心中之感情观也。情分悲乐,于是有悲观之诗人,有乐观之诗人。乐观诗人,徜徉天地间,惊自然之美,叹造化之功,歌咏之,颂扬之,手之舞之,足之蹈之,誉宇宙为天堂,为安乐园,人之生世,在此大宇长宙间,山明水秀,鸟语花香,无往而非乐境也。此派乐观诗人,因惊宇宙之美,遂忘人世之苦,固属偏见,而自然界现象之宏伟壮丽,亦人类所共认也。德国哲学家萧彭浩氏(A.Schopenhauer[1])尝有言曰:世界旁观之则美,身处之则苦。颇具深意。哲人诗家之外,尚有乐观之政治家及社会学家,或激于爱国之忱,或感于人道主义,谓国家前途,人类将来,日渐进化,有美满无憾之一日。至于社会庸民,处治安之世,欣欣然乐其生命,则乐观之又一派也。现世界乐观之士,颇不乏人,拟别为三派如后。

(一)乐生派　人孰不乐生而恶死,缘此天然乐生之意,遂觉生之可乐,死之可哀,兢兢业业,终日操作,求得其生以为满足,思想不越生事之外,见闻不出闾里之间,或农或工,或商或仕,熙熙融融,于以没世,此所谓乐生派也。此派之人,无远想,无特识,为己之意多,利他之心微,虽称社会之良民,实非世界之哲士;又有一类隐逸

---

[1] A.Schopenhauer:又译作叔本华。——编者

诗人、旷达高士，如陶渊明其人者，田园幽居，东窗啸傲，陶然自得，藜藿自甘，自食其力，不待给于社会，亦欣欣然有乐生之意，而旷达为怀，斯乃由旷达观而生乐观者也。列之乐生派中，而高风邈矣。

（二）激进入世派 热忱之士，蒿目世艰，愤社会之窳败，感人生之多忧，梦想大同盛治之世，遂慷慨入世，愤不顾身，百折不回，坚忍卓绝，此诚可钦可敬者矣。古之墨翟即斯派之杰也。然此派之人，若未先具有超然旷达之观，夷视一切，成败利钝，皆所不计，而太持乐观以为事可必达，功可必成，则一旦失意，悲愤自残，往往侘傺无聊，颓然自放，不堪再振矣。

（三）佚乐派 此派众生，社会之蠹，实无可论之值。但既属社会所有，则亦不得不记，以待先觉之士，筹警觉导悟之策。此派之人，大都富家纨袴子弟，堕落青年，身处膏粱文绣，习于奢侈淫乐，不识人类之艰苦，以为人生行乐耳，何兢兢于学术事功为，昼夜昏茫无所事事，既胸无学识，用自遣意，又久习柔靡，不能自振，不得不召聚同类，放纵佚乐，以排胸内之无聊，厌身心之欲望，一日不获纵其乐，便惆怅无所措手足。察其精神堕落之苦，实胜贫民手足胼胝之劳，而自以为享人生之至乐也。逮夫精神沉销既尽，漫天暮气，继之而起，绮丽繁华，无复意趣，学术事功，又素所未娴，于是踯躅无聊，莫知所可，益自颓放，从事悲观，醇酒妇人，自残生命，是则由乐观之佚乐派，堕入悲观之消极纵乐派矣。此派之人，不乏明慧可爱之少年，而社会罪恶，家庭窳败，诱使堕落，以戕天才，实社会上最可痛心之事也，先觉之士，当思有以处之。

乐观三派既陈于右，请继述悲观之派。

二　悲观

悲观缘起，亦各殊致，有哲人之悲观，诗人之悲观，社会学家之悲观，宗教家之悲观。何谓悲观？悲观云者，即是心中意中以为世界多憾，人生多忧，亘古如斯，永无改进之一日。社会进化，罪恶烦恼，与之俱进，人心机诈，因文明而日深，生事艰难，缘进化而愈甚。东方哲人，自古多悲观之士，而今日欧西哲学，亦颇盛唱悲观。唯心之家有萧彭浩氏，唯物之派则依据达尔文生物竞存之学术，于是悲观之见，竟得哲学之根据。今请略陈其说。萧彭浩氏著《世界唯意识论》，畅阐世界罪恶，人生苦恼，以天才之笔，写地狱现象。其书之出，震惊一世，其悲观之言曰：世界众生，皆抱求生之意志。生之未得，深感苦恼，生之既得，遂觉无聊，而眇眇微躬，举世皆敌，困厄危险，百出不穷，略不警觉，即丧生机，而人类之大敌，即是人类。盖人类贪残凶狠，不亚猛兽，乃佐之以机诈狡谋，实禽兽所不及。此犹人生自外铄我之痛苦也。而人生痛苦之源，实即自心。自心欲望无穷，希求无厌，求之不得，盛生烦恼；求之既得，耽玩未久，即生厌倦。厌倦之情既生，则向之所欣，俯仰之间，皆成陈迹，无复系怀，于是新生所倦，聊以自遣，希求厌倦，周而复始，人之一生，来往于苦恼无聊之间而已。痛楚无穷，而不自悟。萧彭浩之悲观哲学，是由心理学而建立者也。达尔文学术之悲观，则根据生物学。生物学者，即研究世界一切含生之物生存状态之学也。达尔文之言曰：一切生物，因求维持生命，时时在战争中。或与天然之困苦境界战，或与同类争生存之资粮而战，或与异类因避困厄而战，或与疾病战，或与自心战（此唯人类为盛），时时战争，无时休息，因战争而进化，因进化而战争，战争之形式不同，而战争之原理则一，其一维何，即求维持生命、增进生命而已。如此世界，如此战争，悲观之生，何由遏止？是以达尔文之学术出，而悲观之哲学大盛也。哲学之悲观既已颇得证据，于是文学思潮亦因之大变。近代俄国写实派文学，盛写社会之恶，人生之苦，风行一世，实悲观派之文学也。悲观诗人，自古已多，《离骚》之作，是忠君爱国所激发之悲观也。此外，穷愁抑郁之篇实不可胜数，尤以中古时意大利诗人但丁《地狱》之诗，最为著名。但丁所描写之地狱，即指此人世言耳。社会学家之悲观，以谓世界人数日增，而世界资粮不足所需，必至于战争，此战争之祸所以永不可灭也。此外，尚有宗教家之悲观。世界最大宗教有五，即佛教、婆罗门教、耶教、回教与犹太教。前三教信徒最多，而皆悲观之教也。盖宗教之起，实由恐惧与希望。夫人世多艰，危害百出，自顾微躯，难与命抗，乃穷极呼天，求鬼神意外之援助，此鬼神之祀所由起也。智慧稍进之民，感苦之情益甚，往往生解脱出世之想，此世界最高宗教佛、耶、婆罗门所由兴也。宗教悲观，有自来矣。既述悲观缘起大略如右，请继陈悲观行为之三派：

（一）遁世派　巢父、许由、务光、涓子，此上古著名之遁世派也。此派高人，厌世俗，避尘嚣，遁迹山村，隐踪岩壑，高尚其志，弗撄尘网，殆亦以世俗人类之鄙恶，而爱山林风物之清幽。尤以举世茫茫，无可与语，高山流水，聊寄幽怀，故宁遁畎亩，躬耕自食，不愿与世周旋，同流合污。此派高风，可起顽俗，但以责备贤者之义衡之，微嫌缺少大悲心耳。此等大都智解超人心襟高洁之士，果能用世，其建设当胜庸俗百倍，而以不合时宜自放，惜哉！然亦社会之恶有以至此也。

（二）悲愤自残派　爱国志士，救世哲人，悲祖国之沉沦，感社会之堕落，奋进激起而不得其术，一旦失志，贻笑世人，遂起悲观，愤激自残。古之屈原、贾生，皆此之类。此派之病，在未能先具超世达观，不计成败，故一朝弗达，遂不自持，诚可悯也。然如其人才，已寥落不可多见矣。若夫市井之徒，不忍一朝之忿，激而自戕，与夫丧志少年，因家庭之困厄，情爱之无终，自残其生，以释痛苦，则皆可悯而不足道者也。

（三）消极纵乐派　此派之人，大都亡国之士，社会失望之人，或潦倒之诗家，或丧志之少年，希求已绝，无复生意，而贪恋世乐，不肯自戕，遂纵情诗酒，聊以忘忧。甚或醇酒妇人，自残生命，斯悲观之极，而强自为欢者也。其情虽可悯，而其行实不足取。意志薄弱，为斯派之大病。既不及遁世派之高尚，又不如自残派之果决，而窃效乐观派行为，于人世佚乐，犹深着贪恋之心，实悲观派之最下者也。

以上三派，虽行为不同，皆以悲观为其因。今将继述超然之观。

三　超然观

世界实际，离言说相，离名字相，离心缘相，毕竟平等。释迦平等之谈，庄周齐物之论，阐之详矣。唯有情众生，迷执主观，于违顺境，生爱恶见，遂谓世界，实有苦乐，诚妄执也。（今日科学之客观物质世界，亦超苦乐之外。）于是世之哲人，莫不盛称超然之观。超然观者，对于世界人生，双离悲乐者也。或言诸法毕竟空，既无有法，亦无有我；既无有我，何有苦乐？此诚大乘了义之谈。或言万物平等，死生不二，若能情离彼此，智舍是非，则苦乐二情，并无异致。是乃庄周旷达之说。庄周释迦，诚古之真能超然观者矣。虽然，众生迷妄，犹未解此，贪嗔痴迷，造业受苦，圣哲之士，心生悲悯，于是毅然奋身，慷慨救世，既已心超世外，我见都泯，自躬苦乐，渺不系怀，遂能竭尽身心，以为世用。困苦摧折，永不畏难，不为无识之乐观，亦非消极之悲观。二观之病，皆能永离。是以超世入世之派，为世界圣哲所共称也。

（一）超世入世派　实超然观行为之正宗。超世而不入世者，非真能超然观者也。真超然观者，无可而无不可，无为而无不为，绝非遁世，趋于寂灭，亦非热中，堕于激进，时时救众生而以为未尝救众生，为而不恃，功成而不居，进谋世界之福，而同时知罪福皆空，故能永久进行，不因功成而色喜，不为事败而丧志，大勇猛，大无畏，其思想之高尚，精神之坚强，宗旨之正大，行为之稳健，实可为今后世界少年，永以为人生行为之标准者也。

超然之观，既以超世入世为正宗，而有二派众生，依托超然之名，而无人世之志，则亦不可不述，以尽此篇之旨。二派维何，即旷达无为派与消闲派。

（二）旷达无为派　此派之人，闻老庄清静无为之言，不审有为无为不二之致，遂趋于寂灭，偏于无为，静坐终日，不屑事事，或竟尚清谈，纵言名理，而不思以学识事功，有裨人世，其人虽于己之德无亏，而缺乏大悲心，于人世责任，有所未尽也。中国自古名流，多尚此辈，故特言之，愿此后明慧少年，毋堕斯派。

（三）消闲派　此派众生，耳飘无为之名，不审无为之实，无为既久，顿觉无聊，无聊之极，遂思有所为以自遣，于是，琴棋书画，箫笙管笛，悠哉游哉，以消永昼，或广集古玩，摩挲终日，或沉湎烟酒，不识昼夜。此派之人，虽无大害于社会，然须知人生闲暇，至为难得，今既终日悠游，一无所事，纵不能从事学术事功，以惠世界，亦当就其所为，专精美术，或造名画，或谱音乐，贡献于世，以助扬人类高尚纯洁之审美精神，斯乃无负于社会耳。

以上述三种人生观及各派人生行为竟。

（原载《少年中国》第一卷第一期，1919年7月15日出版）

出版说明

"大家小书"多是一代大家的经典著作,在还属于手抄的著述年代里,每个字都是经过作者精琢细磨之后所拣选的。为尊重作者写作习惯和遣词风格、尊重语言文字自身发展流变的规律,为读者提供一个可靠的版本,"大家小书"对于已经经典化的作品不进行现代汉语的规范化处理。

提请读者特别注意。

文津出版社